U0155734

2014年度北京市教育委员会社科计划面上项目《网络影像文化研究》（项目编号SM201410050008）最终成果。

| 光明社科文库 |

数字影像研究

——基于互联网时代

吴　毅　孔苗苗◎著

光明日报出版社

图书在版编目（CIP）数据

数字影像研究：基于互联网时代 / 吴毅，孔苗苗著
. --北京：光明日报出版社，2021.9
ISBN 978－7－5194－6243－7

Ⅰ.①数… Ⅱ.①吴… ②孔… Ⅲ.①数码影像—研
究 Ⅳ.①TN946

中国版本图书馆 CIP 数据核字（2021）第 160748 号

数字影像研究：基于互联网时代
SHUZI YINGXIANG YANJIU：JIYU HULIANWANG SHIDAI

著　　者：吴　毅　孔苗苗				
责任编辑：李　倩		责任校对：张彩霞		
封面设计：中联华文		责任印制：曹　净		

出版发行：光明日报出版社

地　　址：北京市西城区永安路 106 号，100050

电　　话：010－63169890（咨询），63131930（邮购）

传　　真：010－63131930

网　　址：http：//book. gmw. cn

E － mail：gmcbs@ gmw. cn

法律顾问：北京德恒律师事务所龚柳方律师

印　　刷：三河市华东印刷有限公司

装　　订：三河市华东印刷有限公司

本书如有破损、缺页、装订错误，请与本社联系调换，电话：010－63131930

开　　本：170mm×240mm

字　　数：109 千字　　　　　　　　　印　　张：10. 5

版　　次：2021 年 9 月第 1 版　　　　印　　次：2021 年 9 月第 1 次印刷

书　　号：ISBN 978－7－5194－6243－7

定　　价：85. 00 元

目 录
CONTENTS

绪　言

　　"当我在上网的时候，欲望似乎很难得到满足，我只是不停地搜索，却不管我是不是真正理解了我搜索到的内容，也不知道是不是真正了解我到底要搜索什么。我就像在挠蚊子咬出的包，越挠却越痒。"①

　　互联网的普及，特别是高速移动通信技术的发展使得网络媒介日益强大，曾经作为第一、第二媒介的报纸杂志和广播电视正面临着网络媒介的强力冲击。对于伴随着电子屏幕成长的新生代青年，网络已经成为他们日常生活中获取信息和表达观念的主要途径。特别是以智能手机和平板电脑为代表的移动网络终端设备的蓬勃发展，更进一步推动了网络媒介的影响力。根据中国互联网信息中心的最新统计数据，截至 2018 年 12 月，我国拥有网民 8.29 亿，手机网民

---

① 弗兰克·施尔玛赫. 网络至死 [M]. 邱袁炜, 译. 北京: 龙门书局, 2011:
　　23.

8.17亿，占比达98.6[①]。如今，我们已经身处一个为网络和数字信息所包裹的世界，海量的信息铺天盖地，使我们忙于应付，又乐此不疲。

经历了数字化转型的阵痛之后，数字摄影设备成为影像创作的主要手段已经成为不争的事实。在人工智能（Artificial Intelligence，英文缩写为AI）技术广泛介入智能手机的今天，捕获影像似乎更加容易，甚至比输入文字还要轻松，只需轻轻点击一下屏幕上的虚拟按钮，连蹒跚学步的幼儿也可以拍摄清晰艳丽的画面。与此同时，高速网络的普及使得影像的上、下载不再受到局限。这使得影像——不论是静态照片抑或动态视频，成为信息传播的主力，而文字更多成为影像的注脚，我们已经由"读图时代"步入了"图说时代"。不论是新闻报道，抑或商业广告，还是网友发帖，网络页面上充斥着各式各样的影像。这些糅杂了文字、照片、视频和音频的信息呈现出一系列新的特征，随之出现了一系列诸如"全媒体""融媒体"等词汇，用来定义它们。这种新的表现形式到底具有怎样的特征，它与传统的信息表达形式有何差异，在传播的效果上又有何不同呢？这些都是本书探讨的重要内容。

截至2018年12月，中国10～39岁网民群体占整体网民的67.8%，其中10～19岁年龄段网民占比达到17.5%[②]。新生代青年，

---

① 中国互联网信息中心. 第43次中国互联网络发展现状统计报告［R/OL］. 中国互联网络信息中心，2019－02.
② 中国互联网信息中心. 第43次中国互联网络发展现状统计报告［R/OL］. 中国互联网络信息中心，2019－02.

作为电子屏幕伴随成长的一代，不论是学习还是生活，他们总是围绕着这方寸之间，寸步不离。互联网成为新生代青年获取信息的主要途径，当遭遇疑问和难题时，"百度"（Baidu）、"谷歌"（Google）或者"维基百科"（Wikipedia）便成为他们的首要选择，键入"关键字"，瞬间便可以搜到数以万计的相关条目……与此同时，数字技术也激发了人们自我表达欲望。

"互联网——包括现在的手机——已经把现存的技术交流形式融为一体，融于一身：可以接收和传输各种声音、文字和图像，可以即时地听、读和翻译，可以阅读外貌、手势，甚至——在可以预见的将来——思想。同时，它们的经济属性也是独一无二的。它们把交流的代价减少到了前所未有的程度。正是这样的特征，使得它们成为使用者进行自我表达的前提，而不仅仅是一种消费……我们都想通过这些新媒介进行自我表达。"①

回顾这些年，从博客、轻博客到微博、朋友圈，再到快手、抖音……这些都成为人们自我展示的舞台，尤其是青年一代，他们争相在自己的社交平台上进行着自我展示，并形成了自己独特的语言体系和表达系统，其显著的特征之一就是更多的利用影像，而非文字来进行表达。即便采用文字，也常常与他们的父辈完全不同，各种简化的网络用语成为他们与父辈之间交流的鸿沟。这一文化现象的原因何在，通过它我们又能够发现什么？

---

① 弗兰克·施尔玛赫. 网络至死［M］. 邱袁炜，译. 北京：龙门书局，2011：33 – 34.

在这纷繁复杂、日新月异的大背景下，崭新的概念、名词层出不穷，拍客、播客、微电影、微摄影、自媒体、自出版……林林总总，令人目不暇接。而这许多概念都与影像有着或多或少的联系——新的技术催生出新的影像创作理念与表现形式，网络媒介自身的传播特性又影响到影像的传播范围与效果。受众的阅读习惯也随着新的媒介和传播形式悄然发生变化，对影像的阅读和接受都呈现出不同于传统媒介的特点。这些特点又常常以一系列的文化现象呈现在我们面前，例如影像观看方式的变化所带来的仪式性的消解，其产生的影响并不仅仅局限于单纯的观众接受，更潜移默化地影响到影像制作者的创作观念和态度：当下观众对于影像的接受与阅读仅仅是几秒钟的时间，他们很难再像以前那样站在一幅摄影作品前凝神沉思。而创作者不得不通过各种技巧和手段，甚至不惜降低品格来博取观众的注意力。又比如，网络上的影像呈现出鲜明的草根特性，它们不断与传统的官方媒体进行着互动和博弈，典型性案例是 2011 年北京特大暴雨灾害，网络上充斥着大量暴雨灾害影像，这些影像既包含了网友现场拍摄上传微博的照片，也存在着一些与这次暴雨毫无关系、移花接木的影像（图 1），例如燕赵都市网在报道这一事件时使用的照片是 2004 年北京市因暴雨造成莲花桥积水的新闻照片。而掌握话语权的官方媒体却在对这次事件的报道中略显被动。这些新变化和新特征都需要我们加以细致的研究与分析，而如何才能深入透彻呢？追根溯源，以史为鉴是一种有效的方法，它也是本书采取的重要手段。技术的飞速发展和海量的信息迫使人们无暇停下来对某一问题进行深入的思考，我们像水蛭一样贪婪地吸取

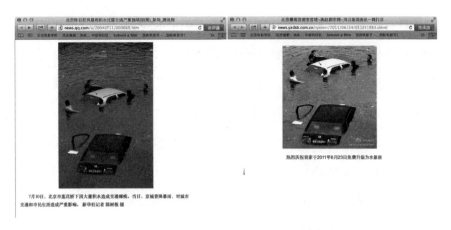

图1 2011年北京特大暴雨灾害相关造假图片
（左为2004年报道，右为2011年报道）

各种信息，生怕被数字革命的浪潮所抛弃。如果我们追溯数字技术的发展，特别是互联网的发展，便会发现在短短的近二十年间，数字技术是如何一步一步改变我们的思维习惯和生活方式的，而这一切都是潜移默化的。通过回顾历史，我们还可以厘清一些概念与问题，例如对于电影和摄影中的高动态影像，目前通行的说法是它来源于电子游戏，但是经过研究我们发现这种影像风格其实来源于人类的视觉经验，它早在西方古典绘画时期就已经出现，因此将其来源归结于电子游戏并不妥当。这些含糊的概念和问题的梳理对于建构和完善现有的影像教学体系有着重要的学术意义。

同一影像文本，在不同的媒介上会呈现出不同的样态，这直接影响其信息传达的效果。也就是说，不同的媒介需要不同形式的影像作品。这对于当代高校的影像教育尤为重要。而观照我们的现状，在影像语言的运用与表达的准确性上，我们与国外同行有着一定的差异，更为严重的是我们时常忽视媒介自身的特性，甚至忽视作品的题材与类型，采用不恰当的表现形式或者记录形式，这使得作品的传达效果大打折扣。例如在国内的一些中小型新闻媒体里，摄影工作常常让文字记者兼负，对于记者的要求仅仅是将现场拍摄下来，不用考虑构图、用光和瞬间的抓取等问题，而这些对照片形式的要求也常常超出了文字记者们的工作能力。提高影像创作者的素质和能力的根本在于提高全民的影像阅读能力和审美能力，需求决定了供给，只有观众对于影像作品有了更高的要求，创作者才会不断提升自己作品的品质。这不仅仅是影像专业教育的问题，更是我国高等院校素质教育的问题。当下，有人提出高等教育已经过时，互联网将成为人才培养的摇篮。如何看待这一观点，在互联网时代高等教育，特别是影像专业教育应当如何发展，如何将网络优势与影像专业相结合，摸索和构建出一条适合时代特点的教学体系……这些都是值得我们思考的问题，也是本书所要探讨的。

鉴于我国的实际发展状况，本书讨论的相关时间节点为 1995 年至 2018 年。之所以将研究起点定于 1995 年是基于以下两个方面考虑：首先是我国网络应用的发展状况，虽然早在 1983 年我国就已经启动了网络研究，但直到 1993 年它仅仅局限于小范围的电子邮件服务。网络运营正式开始于 1994 年，1997 年之后进入蓬勃发展期，而 1995 年正值我国网络起步发展的中间点；其次，这一年柯达公司（Kodak）正式面向市场发布了第一款成熟的民用消费型数字相机 DC40，这标志着民用数字相机市场成型的开端，摄影数字化的序幕正式拉开，也可以说数字影像从这一年开始正式进入人们的日常生活。

最后，本书探讨的"网络影像"主要针对在互联网上传播和展示的静态数字摄影作品和部分动态数字视频作品，动画作品不在本书的讨论范围内。

本书论述中提及较多摄影师和摄影作品，因涉及版权问题未在书中一一列出图片，请读者通过互联网查看相关作品。

第一章　关于媒介

第一节　关于媒介

本书中经常提及"媒介"和"媒体"这两个术语，在含义上它们有相似之处，也有些许不同。

"媒介"在现代汉语词典中是指"使双方（人或事物）发生关系的人或事物"①。在辞海中它的释义有：1. 婚姻介绍人。《华阳国志·先贤士女总赞》："和（王和）养姑守义，蜀郡何玉因媒介求之。"2. 使双方发生关系的人或事物。《旧唐书·张行成传》："观古今用人，必因媒介。"3. 在艺术范畴指艺术家所采用的表现手段或

---

① 中国社会科学院语言研究所词典编辑室. 现代汉语词典［S］. 北京：商务印书馆，2002 第三版增补本：862.

技法。如油画、雕塑、版画等的表现手段和技法。4. 指绘画颜料的结合剂和溶解剂。如混合颜料用的油（油画颜料用）、胶水（胶质颜料用）、蛋黄（蛋彩颜料用）等。用这些媒介还能将颜料与画布、画纸等相黏结。① 它对应于英文的单词是"medium"，牛津高阶英汉双解词典（第七版）中作为名词的释义为：（pl. media or mediums）1. "a way of communicating information，etc. to people（传播信息的）媒介，手段，方法"；2. "something that is use for a particular purpose 手段；工具；方法"；3. "the material or the form that an artist, a writer or a musician uses（文艺创作中使用的）材料，形式"；4. "（biology 生）a substance that sth exists or grows in or that it travels through 介质；培养基；环境"；5. "（pl. me·diums）a person who claims to be able to communicate with the spirits of dead people 通灵的人；灵媒；巫师"②。结合本书所论及的内容，"媒介"一词特指事物之间发生关系的介质和手段，即从信息源到达受信者之间信息传播的介质与载体。

"媒体"一词的使用在我国更为广泛，现代汉语词典中它的释义为"指交流传播信息的工具，如报刊、广播、广告等"③。辞海中对"媒体"的解释是"传播信息的工具，如报刊、广播、电视、网

---

① 辞海编辑委员会. 辞海 [S]. 上海：上海辞书出版社、上海世纪出版股份有限公司，2009：1543.
② 牛津大学出版社. 牛津高阶英汉双解词典 [S/CP]. 北京：商务印书馆，2014.
③ 中国社会科学院语言研究所词典编辑室. 现代汉语词典 [S]. 北京：商务印书馆，2002 第三版增补本：862.

络等。"① 对应于英文,从释义上看,它和英文词语"the media"更为匹配。牛津高阶英汉双解词典(第七版)对于"the media"的解释是"the main ways that large numbers of people receive information and entertainment, that is television, radio, newspapers and the Internet 大众传播媒介,大众传播工具(指电视、广播、报纸、互联网)"②。由此可见,媒体在汉语里更多指代具体的诸如电视、广播、报纸、互联网等传播方式和载体,有大众传媒的含义。如果我们仔细分析它在生活中的使用,可以发现媒体一词包含了两个不同层次的含义:一是指具体承载信息的物体,例如报纸、杂志、移动终端等;二是指采集、处理、存储、传递和呈现信息的实体或集团,例如报社、广播电视台、门户网站等。

从"媒介"和"媒体"这两个术语的中英文释义可以看出,媒介更加具有抽象意义,它是所有信息传递的介质与载体的统称,具有类别的含义。麦克卢汉给媒介所下的定义非常宽泛,"他说:'媒介是人的延伸。'据此,媒介不是一般人心目中的四大媒体:报纸、电影、广播、电视,而是包括了一切人工制造物,一切技术和文化产品,甚至包括大脑和意识的延伸。"③ 麦克卢汉还指出"The medium is the message"即"媒介即信息",他所说的就是类别与具体对象之间的关系。相较于媒介,媒体则更为具体,往往用来指涉具体

---

① 辞海编辑委员会. 辞海 [S]. 上海:上海辞书出版社、上海世纪出版股份有限公司, 2009:1543.

② 牛津大学出版社. 牛津高阶英汉双解词典 [S/CP]. 北京:商务印书馆, 2014.

③ 何道宽. 媒介革命与学习革命——麦克卢汉媒介理论批评 [J]. 深圳大学学报, 2000, 17(5):99.

的对象。本书也沿用这一方式,凡是涉及事物之间信息传播的介质和载体类别的都使用"媒介"一词,例如人类信息传播历史中的五次媒介革命。而"媒体"一词的使用则针对信息传播中的具体载体与手段,例如在探讨报纸杂志、广播电视以及互联网络等传播方式之间的特性时就采用电视媒体、杂志媒体等;另外在本文中还用"媒体"来指代诸如报社、电视台、出版集团等这类与信息采集制作和传播相关的实体或集团。

第二节　五次媒介革命

影像作为各种媒介承载的信息对象之一,在不同的媒介里有着自己的呈现特征和表达方式。因此,我们有必要对于人类发展历史上的五次媒介革命进行回顾与梳理,这对于认识影像在各种不同媒介的表达特点有着重要的意义。

"信息"对于人类文明的进步有着举足轻重的地位,它不仅是人们相互交流与沟通的对象,更是人类文明传承的依托。我们对于自己所生活的这个世界的认知,很大一部分来自先辈们所流传下来的经验与总结,人类之所以能够走到今天这样一个数字型社会,代代相传的"信息"功不可没。正如英国物理学家艾萨克·牛顿所说"如果说我看得比笛卡尔更远一点,那是因为站在巨人肩上的缘故"。……而作为信息承载体的媒介,其变革则是推动人类文明发展的重要动力。

　　纵观人类文明的发展历程，视觉、听觉、味觉、嗅觉和触觉是人类感知外部世界的主要途径，也是人类信息交流的主要方式。其中视觉和听觉在信息交流中所占的比重远远超过了其他几种感知方式，人类文明所经历的五次革命性媒介变革无不作用于视觉和听觉。而这五次媒介革命对于所传递信息的准确性和其传播时空范围的局限性上都有着重大的突破，这也使得信息本身的价值发生着悄然的变化。

　　"语言可能开始于 300 万年前的早期'直立人'，成熟于 30 万年前的早期'智人'。"① 希腊人曾经以"会说话的动物"来定义"人"这个概念。语言的产生对于人类具有划时代的意义，它是第一次媒介革命的产物。语言学家索绪尔在其研究中提出并区分了"语言"和"言语"这对相对的概念。他认为"言语"是"语言"的体现，"语言"（langue）和"言语"（parole）总称为 language。在索绪尔看来，这组对偶存在很多层面的区别，比如认为"语言"是言语活动的一个确定的、处于首要地位的部分，"它既是言语机能的社会产物，又是社会集团为了使个人有可能行使这一机能所采用的一整套必不可少的规约。"② 它是社会的、主要的、稳定的，可以对之进行系统分析；而"言语"是个人的、从属的、多变的，是为了达到传播目的而对语言的实际应用。从言语的角度来看，不同的人说的同一个词的声音可能相差很远，但从语言的角度来看，这两个相

---

① 周有光. 世界文字发展史［M］. 上海：上海教育出版社，1997：1.
② 索绪尔. 1910—1911 索绪尔第三度讲授普通语言学教程［M］. 张绍杰，译. 湖南：湖南教育出版社，2001：20.

差很远的声音都是在说同一个词。也就是说，语言是语言共同体成员心中的语法体系，言语是人们平时具体说出来的话，是依赖于语法系统的一种说话行为①。"言说是个行为过程，围绕这个过程，势必生成不可分割的双重的东西，即说的形式和说的内容。"② 由此可见，语言体系使得人们拥有一套统一的、规范的表意体系，在这个体系中个体之间可以有效达成信息的交流，虽然在个体的表述上存在着形式上的差异，但究其所表述的内容，也就是所需要传递的信息却拥有了比以往更为精确的描摹。在这一时期，从信息传播的机制上看，它属于双向"点对点"的信息传播，这一机制与当代的网络传播非常相似，但是在时间和空间上语言受到了极大的限制。虽然在语言的交流过程中存在着动作和表情等视觉感知过程，但语言的根本特性仍然是基于听觉系统的声音信息的传播，它也就必然受到时间和空间上的限制——声音传播的周期和空间范围，信息的交流仅仅局限于口口相传，落后的交通使得信息被局限于特定的地域，并且信息传递过程中由于"言语"的差异性也常常让信息逐渐失去本来面目。不仅如此，信息也常常随着传播主体的消亡而一并消逝，很多民族的文化在时代发展过程中逐渐消失便是典型的例证，这是人类智慧传承过程中迫切需要解决的核心问题。

作为语言的延伸与拓展，文字的出现是人类文明的一个重要节点，它使得人们第一次可以完全通过视觉来传递信息，并且具有极

---

① 陈嘉映. 语言哲学 ［M］. 北京：北京大学出版社，2005：78.

② 孔苗苗. 言语中国：90 年代中后期以来中国电影言语因素研究 ［D］. 北京电影学院，2010：3.

高的精准度，它也因此成为人类历史上的第二次媒介革命。约一万年前，文字萌芽于人类的"农业化"开始之后，成熟于5500年前农业和手工业初步上升时期。虽然现代世界范围内使用的文字分为两种：拼音符号文字和表意符号文字，但是追根溯源它们都来源于早期的象形文字——对自然形态的抽象化符号。"语言是最基本的信息载体。文字不仅使听觉信号变为视觉信号，它还是语言的延伸与拓展，使语言打破了空间和时间的限制，传到远处留给未来。"① 文字对于信息在时间与空间上局限性的破除使得人类文明进入了"有史"时期，书面的历史记录不仅仅是简单的历史记载，更包含着人类智慧的结晶。与言语的表述不同，文字系统在信息的表述上更加精练和规范，它是对语言体系的抽象与凝练，而使用者必须接受严格的训练和学习才能熟练掌握文字的使用。因而，这种抽象的符号在农业文明时代仅仅是少数人的权利，只有掌握了特权的人才能够熟练读写文字。信息也因其稀有而拥有了无可比拟的价值，反过来这种价值又加强了权力与身份的象征。直至欧洲的中世纪末，这种基于读写的文字仍然局限于特权阶层，虽然它的传播机制已经呈现出单向的、"点对面"的趋势，但仍然更多表现出单向的、"点对点"的面貌。

如何能够快速、大批量地对书籍和文字信息进行复制一直是人们探索的方向。1450年德国人谷登堡（Johannes Gutenberg，1397—1468）经过长期的实验摸索出了制作铅活字所使用的三种金属——

① 周有光. 世界文字发展史［M］. 上海：上海教育出版社，1997：1.

铅、锡、锑的配比，并发展出了一套完整的金属活字印刷工艺。虽然早在四百年前的十一世纪中叶，中国人毕昇就已经发明了胶泥活字印刷术，但谷登堡印刷术的发明不仅使得印刷的速度得到了快速的提升，印版的耐印率也得到极大提高，大批量的复制得以实现，谷登堡也因此被誉为"现代印刷术之父"。相较于书写时期和雕版印刷术时期，"一本印刷的书与一本手写的书却没有什么区别"①，但现代印刷术的发明却使得书籍的价格大幅下降，人们更容易以更为低廉的价格获得各种印刷品。随后的几个世纪，欧洲地区文盲的数量也随之大大降低。现代印刷术成为推动欧洲文艺复兴运动和工业革命发展的重要动力之一。作为第三次媒介革命的现代印刷术，它的出现使得参与交流的信息数量成倍增长，各种报纸、杂志和书籍广泛出版和发行。大批量复制的特性使得典型的单向"点对面"的传播机制成为第三次媒介革命的主要特征，大大拓展了信息传播的空间范围，人类由此开始走向大众传播时代。鉴于现代印刷术自身的特性和图像复制的复杂性，文字成为信息传播的主体是这次媒介革命的又一个重要特征。虽然早期印刷品上的图像大都为线条稿的插画以及一些石版画，但是它们引发了人们对图像信息的渴望，这也是后续摄影术和调幅加网图像复制技术诞生的一个重要推动力。

1839 年法国政府向路易·雅克·芒代·达盖尔（Louis Jacques Mandé Daguerre，1787—1851）购买了达盖尔银版摄影术（Daguerre-

---

① 麦克·哈特（Michael Hart）. 影响人类历史进程的100名人排行榜［M］. 赵梅，韦伟，姬虹，译. 海南：海南出版社，1999：33.

otype）的专利并公布全国任由人们使用，这被认为是摄影术的诞生。而真正具有实用意义的摄影术却是1841年英国人威廉·亨利·福克斯·塔尔博特（William Henry Fox Talbot，1800—1877）申请专利的卡罗摄影术（Calotype process），后来被称为塔尔博特式摄影术。"如今（1841），塔尔博特的摄影过程，几乎是和达盖尔的化学促进法同一速度，但是却能用同一底片一连洗出多张相片。这种底片和相片的制法，就奠定了现代摄影的基础。"① 由此人们不仅掌握了快速将现实景物转化为图像的方法，更可以通过印制大量照片来进行传播。随后摄影术得到了广泛的传播和应用，传统经典的架上艺术开始逐渐走向普通大众的日常生活，人们对视觉的欲望也越来越强烈了。

虽然谷登堡印刷术的发明极大地拓展了信息传播的范围，但受制于实物流通的现状，信息的传递在第三次媒介革命之后仍然局限于某一地域，并且它需要受信者具备基本的阅读能力。进入19世纪中后期，电子技术特别是无线电技术得到了快速发展。"1909年，美国加利福尼亚州圣何塞市的工程学院和无线电学院开始每周一次播出预定节目，内容有音乐和新闻，这可以说是广播电台的雏形。"②，随后全球第一家无线广播电台，位于美国匹兹堡的KDKA广播电台于1920年11月2日第一次进行了广播，它所在的宾夕法尼

---

① 曾恩波. 世界摄影史［M］. 北京：艺术图书公司（中国摄影出版社内部发行），1982：31.

② 孙宝传. 无线电的发明与广播电台的出世［J］. 中国传媒科技，2012，（1）：23.

亚州以及俄亥俄州和西弗吉尼亚州的居民首次收听到广播出的关于沃伦·甘梅利尔·哈丁（Warren Gamaliel Harding）击败詹姆斯·米德尔顿·考克斯（James Middleton Cox）当选为总统的消息。"1923年，KDKA 广播电台开始从匹兹堡向伦敦进行广播，成为跨越大西洋广播的先驱。"① 人们第一次如此快捷地——几乎与播音员同步——听到来自遥远地方发出的声音。作为信息传播载体的声音这次从"口口相传"跃升成了"隔空传音"。这种前所未有的传播方式随后拓展到了视觉领域，1929 年英国广播公司（BBC）开始试播，并于 1936 年开始每天提供两小时的电视播送服务，成为最早的电视台。同年，在德国柏林举办的第十一届奥运会首次用电视同步向许多国家进行现场实况转播……虽然早在 1895 年电影已经可以让人们通过活动影像来获取信息，但是它毕竟不可能让人们坐在家中，实时地看到地球另一端正在发生的事情。这次以广播电视为主体的媒介变革是第四次媒介革命，它具有以下显著特征：首先在传播的时间和空间上达到了一个新的高度，现场实况转播使得信息的传播在全球范围内达到了瞬间即达的情势，人们越来越多地了解到自己生活圈子之外其他地域的各种信息，包括刚刚发生和正在发生的事情；其次，图像和声音代替文字成为传播的主体，这种作用于视听感受的生动形象逐渐取代了枯燥、艰深、抽象的阅读，对人们获取信息的素质要求也随之降低，即使从未接受教育的幼儿也能看到和了解

---

① 孙宝传. 无线电的发明与广播电台的出世 [J]. 中国传媒科技, 2012, (1): 23.

电视画面所呈现的场景和内容。对逼真性的追求是这次革命的第三个特征，它包含了两个层面的含义：一是指它看上去更加真实。面对各种纷繁的信息，人们始终秉持着"眼见为实"的原则，而电视所播放的似乎是正在发生的事情，它在一定程度上加深了人们对电视所播放内容的认同感，更遑论现场实况直播了；另一个方面是指人们对电视的品质，不论是画面还是声音，都有着逼真性的要求，也就是说，人们希望画面和声音尽可能的清晰，尽可能的接近实际现场的状况。正是这种对逼真性的追求，才不断催生出彩色和高清晰度视频标准以及相关摄录、播放设备的研发和广泛使用。最后，广播电视属于典型的"点对面"传播机制，其传播面扩散至全球范围，这使得人类真正进入大众传播时代。虽然信息数量骤增，但是其热度也会随着时间的推移而骤降，更为重要的是，人们处于被动地位，他们更多的是被动地接受广播电视台发送的信息，最多只能有选择频道的权力与自由。这种单向度的传播机制使得广播电视成为政治策略和商业广告的高效宣传平台。

最近一次媒介革命是以计算机技术和网络通信技术为基础的，它通过无处不在的互联网将整个世界联通起来，不论是国家、部门还是个人。1957年苏联发射了第一颗人造地球卫星 Sputnik，美国军政当局决定增加研发投入，为了防止各级军队内部的恶性竞争，时任美国总统的德怀特·戴维·艾森豪威尔（Dwight David Eisenhower）于1958年拨款成立高级研究计划署（Arpa）。1962年交互理论专家约瑟夫·卡尔·罗伯特·利克莱德（Joseph Carl Robnett Licklider）加入高级研究计划署并资助交互计算研究的"超大网络"项目，到 1969 年高级研究计划署网络（Arpanet）实现了首次连接，这个网络把位于洛杉矶的加利福尼亚大学、位于圣芭芭拉的加利福尼亚大学、斯坦福大学，以及位于盐湖城的犹他州州立大学的计算机主机连接起来，它就是互联网（Internet）最早的雏形。1974 年 TCP/IP 协议的发布推动了现代互联网的诞生，自此世界各地各种不同的网络可以互相连接进行信息交换。经过 20 世纪 80 年代的高速发展，90 年代互联网真正开始大众化。"到 1990 年，互联网已经连接了 30 万台主机和 1000 多个使用 Usenet 标准的新闻组。……1991 年，万维网（World Wide Web）的发布极大改变了互联网的面貌。"① 如今，我们已经可以通过无线通信技术和移动终端随时随地连接互联网，查找和发布各种信息，而所有这一切仅仅需要一个简单的"点击"动作，不论是鼠标还是触摸屏。

不同于以往历次媒介革命，以互联网和数字技术为代表的第五次媒介革命打破了传统意义上的信息传播机制，体现出前所未有的包容性。传统意义上的社会关系一般是基于血缘、地缘和职业等关系建立起来的，人们的信息交流过程常常受制于个人的社会地位、社会身份和社会角色等因素。而网络媒体打破了这种关系，使得人们的信息交流超越了时空、地域、民族、语言等的限制，在地球上任何两个远隔千里的人都可以通过互联网进行实时的在线交流。并且，借助于互联网的网状连接结构，打破了之前媒介单一的"点对点"或"点对面"传播机制，实现了"点对点""点对面""面对

---

① 王旭. 互联网发展史 [J]. 个人电脑，2007，(3)：185－186.

点""面对面"多种传播机制融合并存的局面。信息发布的特权逐渐被消解，同时伴随的是呈现几何级数增加的海量信息。"信息，曾经因稀有而有价值，现在则到处都是，在网络浏览器中几次点击，就可以轻松获得和复制。结果是，几乎不用付出任何代价就可以得到信息。"① 媒介融合是第五次媒介革命的另一重要特征，单纯依靠一种载体来传递信息的时代一去不复返了，文字、声音、静态图像、动态视频以及动画，只要它对信息的传播有效，都可以杂糅为一体上传到互联网上。这种融合的特性使得互联网具有强大的包容性，以往的所有媒介都可以被其所吸纳，它将一个光怪陆离、无所不包的虚拟世界呈现在我们面前。

综上所述，每一次媒介革命都以相应的技术储备作为基础，而媒介的每一次转换和发展都引发了人们在思想观念上的巨大变革。如今，人们面临的困境不再是信息的匮乏，而是如何在海量的信息中进行快速、有效的选择。这种状况常常让人迷失自我。

"我每天都在各种信息中徘徊，它们到处触发虚假的警报以吸引我的关注，这让我感到高度紧张和疲惫"。②

---

① 伯纳多 A. 胡伯曼. 万维网的定律——透视网络信息生态中的模式与机制 [M]. 李晓明，译. 北京：北京大学出版社，2009：11.
② 弗兰克·施尔玛赫. 网络至死 [M]. 邱袁炜，译. 北京：龙门书局，2011：6.

第三节 四种主流媒体

作为信息传播的具体承载体，当下主流的四大媒体：报纸杂志、广播、电视和互联网，都有其自身的特性，面临着不同的竞争局面。这些都会对影像创作的观念和表达形式有着潜移默化的影响，因此有必要对其各自的现状和特点加以简单的阐述。

报纸和杂志属于传统纸媒，主要以固定周期订阅的方式进行信息的发布，属于典型的单向性"点对面"传播机制。当前传统纸媒面临着"日薄西山"的状态，虽然在信息发布的权威性、严肃性和深度上有着一定的优势，但单纯的静态照片和文字使得它对于年青一代缺乏足够的吸引力，而固定周期也使得其信息更新速度远远低于其他媒体。虽然它也在进行着数字化的革新，利用电子屏幕替代纸张介质，但终究难掩疲态。如今，它不得不面对日渐扩展的互联网快速蚕食其受众群的现状，甚至大量从业人员也开始加速流向各大门户网站，数字化转型的阵痛刻骨铭心。

自电视广泛普及以来，广播就逐渐式微。所谓"成也萧何败也萧何"，"仅仅作用于人们听觉"这一特点既成就了广播，也是导致其衰落的主因。形象性和互动性的缺乏使得它的传播范围受到很大限制，目前更多局限于占用视觉的工作者（例如出租车司机）、视觉障碍人士（也包括随着年龄增加视觉机能衰退的老年听众）以及广大农村地区的人口。同样，当前广播也借助于互联网进行数字化变革，在一定程度上也吸引了一批年轻受众。可以明确的是，广播的生命在未来得以延续仍然依赖于听觉这一核心特性。

集视听于一体的电视所传播的信息包含了声音、视频、图片和文字，以及动画。虽然它长期处于统治地位，但互动性的缺乏使得电视制作人一直在不断追寻着观众的需求和接受规律。"就节目主持而论，从最早的'简单播报（有时加评论，如默罗）'到'主持人评论（如克朗凯特）'再到聊天式的'谈话节目'，再后来的半休闲式'快乐谈话'，播报方式的变化和观众对节目的更新要求和接收方式的改变是相适应的，而且在时间上也越来越呈现出加速度的变革状态，革新的步伐从一年、一个月，甚至是快到了一个星期。"① 在国内以湖南卫视、东方卫视为代表的各大卫视也成为电视内容生产转型的急先锋，不断尝试各种新的形式与内容。然而"众口难调"的事实和"点对面"的传播机制使得电视始终难以企及"皆大欢喜"的目标。以我国中央电视台每年一度的春节联欢晚会为例，虽然在全世界的收看人数仍然保持着较高的数据，但是从评价来看则是每况愈下，同时受众群中年青一代的比例也相对较低。如今，数字技术已经广泛运用于电视的制作与发布，电视制作人也在从内容到形式不断提升节目的水平，但是面对"海纳百川"的互联网，特别是随身携带的移动互联终端，电视似乎还是显得力不

---

① 王虹，原欣. 从美国电视发展史看电视新闻思维变革 [J]. 新闻传播，2003，
（06）：43.

从心。

这个时代是一个互联网时代，强大的包容性使得互联网涵盖了所有的信息媒体，不论是报纸、广播还是电视，这些信息都可以上传到互联网上，它正在蚕食其他媒体……任何一个人都可以登上互联网成为其庞大网络结构中的一个节点，透过这个网络，你可以找到任何你所需要的信息。在这里作为受信者的我们不再处于被动的、单纯的接收地位，真正实现了"按需搜索"。在百度和谷歌引擎的搜索栏内输入关键词，只需轻轻点击一下鼠标，屏幕上就会自动列出成千上万条与关键词相关的信息，互联网使得信息变得"唾手可得"。与此同时，互联网也让每一个节点上的用户拥有随时发布信息的权利，"信息具有一种'同时性'的特征，我们不仅是信息的接受者，也是信息的发出者。"① 互联网带来的革命性变化正是将信息的发布者和接受者融为一体。每个人都有表达自己观念的欲望，只是在互联网普及之前很少有一个平台能够让人们自由的表达，只有在某个领域足够优秀，跨入精英阶层后才拥有相应的话语权。互联网打破了这种局面，它让普通人也可以发表自己的见解，你可以随时在互联网上发布自己的文章、摄影作品和视频作品，虽然也有相应的审查与限制，但比起之前的限制可以说微乎其微。并且，所发布的信息在虚拟的网络空间中有被其他人关注的可能性，这种诱惑是难以让人割舍的。当然，这也是导致我们在百度和谷歌上搜索到成千上万条关于某一词条的信息的一个重要的原因，"现在稀缺的，

---

① 弗兰克·施尔玛赫. 网络至死 [M]. 邱袁炜，译. 北京：龙门书局，2011：6.

是处理那些信息所需要的知识，因此它们也就成了昂贵的资源"①。

互联网是一把双刃剑，它具有革命性的积极意义，同时也产生一系列的负面影响。

---

① 伯纳多 A. 胡伯曼. 万维网的定律——透视网络信息生态中的模式与机制
　[M]. 李晓明，译. 北京：北京大学出版社，2009：14.

第二章　传统影像的嫁接

第一节　影像的屏幕化表达

"意大利人把 16 世纪的暗室成像小盒子叫作'小暗室'。正当实现用活字印刷来生产机印文字的时候，出现了观看暗室墙上活动影像的业余消遣。出太阳的时候，如果在暗室墙上戳一小孔，对面的墙上就会出现室外的影像。"① 这或许就是人类历史上最早的屏幕了。

从早期的电影银幕发展到今天的手机液晶显示屏、VR 虚拟眼镜，人们所接触到的屏幕经历了一个由大到小，由公众到个人的发

---

① 马歇尔·麦克卢汉. 理解媒介——论人的延伸 [M]. 何道宽，译. 北京：商务印书馆，2000：241.

展历程。屏幕对人们的信息交流产生了巨大的影响，特别是近十年来屏幕小型化趋势深刻地影响到人们的阅读习惯，人们越来越倾向于用屏幕来进行表达和交流。当我们回顾其发展历程，便可以发现从屏幕诞生伊始，它就一直与影像紧密关联，并表现出独特的性质。

　　第一，如果对日常信息传播中的各种媒介加以考察，可以发现与屏幕相关联的媒介如电影、电视、电子游戏、互联网等，与其他媒介之间都有一个根本性的区别——它们都是将信息呈现在一个虚拟的、不可触摸的空间之上。这些信息都是通过光线来呈现的，面对我们身处的、为无处不在的光线所包围的环境，必须通过一定的方式来将呈现信息的光线集中起来，以有效地传递给人们的视觉系统。因此，早期人们采用的最简单、最直接的办法就是建立一个黑暗的、没有其他光线干扰的环境——暗室，把无关的光线屏蔽起来。16世纪人们观看暗室墙上活动影像的业余消遣就是利用这种方式，随后的电影也采用了同样的手段，并一直沿用至今成为电影院放映的标准环境。16世纪人们观看暗室墙上活动影像的业余消遣与在电影院中看到活动影像还存在着一些差异：利用小孔成像原理所看到的活动影像是现实世界的镜像，它就像一面镜子忠实地、同步地将现实中的景物倒映在暗室的墙壁上，这些影像是不可以重复再现的，它随着时间的流逝而消失。它与人们眼中现实世界景象的差别在于其所包含的神秘意味，全黑空间内一个倒立的、轻微模糊的影像是人们前所未有的视觉经验，这种与现实的强烈距离感是它的魅力所在。而电影所呈现的影像则借助了一个重要的介质——胶片，它是经过精心编辑的影像，包括了前期拍摄的取景、构图和后期镜头之间的剪接。因此，它是时空的再造，并且可以无限重复播放和随时暂停。人们看到的是通过放映机将胶片上的影像投射到银幕之上的结果，它营造出了一个让我们身临其境的幻觉空间，一旦关闭放映机，这个虚拟空间所包含的各种景象便立刻消失在白色银幕之上了。"我们借助电影把真实的世界卷在拷贝盘上，以便像会飞的魔毯似的把世界重放出来。"① 这个重放的世界是人们在内心驱使之下重新构建的一个梦想的世界，它更加虚幻、也更让人着迷。电视机以及后来的数字设备则采用了另外一种思路，它们试图在小范围内集中高亮度的光线以减弱环境光线对其的干扰，这样人们就不必躲在黑暗的环境中观看了。这次光线不是经过银幕的反射作用于人们的视觉，而是直接朝向人们的视觉系统不间断的发射轰击（Emit）。不过，人们对信息的获取依然是建立在虚拟的空间之上，只要关闭电视机或显示器，你只能看到黑色、空无一物的屏幕。与电影相比，电视似乎是一次对 16 世纪人们观看小孔成像娱乐消遣的回归，它仍然是把现实的镜像展现在人们眼前，不过这一次它是将千里之外的现实场景呈现在电子屏幕上，不仅可以同步实时呈现，而且可以反复观看。从这个意义上看，电视似乎比电影更加具有吸引力，毕竟"梦"是短暂的，人们更加关注的是自己生活的现实世界。而基于显示器屏幕的电子游戏可以看作是电影在显示屏上的回归，它们同样是满足人们在现实世界中无法实现的"梦想"，只不过这一次"梦"的过

---

① 马歇尔·麦克卢汉. 理解媒介——论人的延伸［M］. 何道宽，译. 北京：商务印书馆，2000：350.

程不是掌握在电影制作者（编剧、导演、剪辑）手中，而是掌握在
"做梦者"——游戏玩家的手中。互联网作为数字时代的主要媒介有
着超强的包容能力，它几乎涵盖了人们所能接触到的所有信息，不
论是对"梦想"的追求，抑或对现实的关照，这些都可以从互联网
上获取。虽然上述媒介在屏幕的尺寸、观看环境和观看距离上有着
诸多不同，但是它们所共有的这种"虚拟"特性就像魔盒一样有着
无穷的吸引力：打开它之前，人们无法预知即将看到什么；关闭它
之后，一切幻象便会消失。屏幕带给人们太多的惊奇与美好，如今
它已经可以装在口袋中或者戴在手腕上随身携带，人们像瘾君子一
样再也难以离开它了。

　　第二，自人们最初利用小孔成像在暗室观看墙上活动影像开始，
屏幕就一直伴随着活动影像，不论是后来的电影还是电视，直到今
天广泛使用的计算机显示器和各种移动终端的显示屏上，参与信息
交流与互动最多的仍然是活动影像，即使屏幕上呈现的是静态照片，
人们也更多采用播放幻灯片一样的方式进行浏览。究其根源，屏幕
上呈现的影像是难以触摸到的光线，这种捉摸不定的光线随时都有
可能消失得无影无踪，这一特质使得人们在观看屏幕时抱有一种强
烈的追逐和占有心理。不同于绘画和相片有着能够触摸和感受的物
质载体，固定在那里让人们可以随时慢慢仔细地加以品味，面对屏
幕上的影像，人们希望能够尽可能多地接受它们，生怕稍一迟缓便
遗漏了什么，这种惯性应当归因于呈现活动影像的电影银幕。这也
是如今面对手机和平板电脑时，人们依然难以静下心来仔细品味的
主要原因。另一方面，屏幕常常带给人们更为强烈的刺激。绘画和

相片与人们日常生活中见到的各类景物非常相似，都是经过反射的光线作用于人们的视觉系统。在光线到达它们表面之后一定会有一部分光线被吸收掉，因而呈现出更加柔和的特质。相反，屏幕则采用强烈的光线直接刺激人们的视觉系统，即使采用银幕反射光线的电影，其反射出的光线强度也远远高于影院的黑暗环境。这就像正午时分强烈刺目的日光，它使人焦躁不安，难以平静，只有通过不断变化的光色才能转移人们对光线刺激的注意力，安抚和平息内心的躁动。这就是为何在屏幕上观看静态照片时，人们依然采用类似于观看活动影像的浏览方式的另一个重要原因。

第三，发展至今屏幕经历了由大至小的过程，伴随这个过程的是人们观看和交流方式的转变。人的视野范围是固定的，"眼睛晶状体形成的影像虽可超过大约 180°，但最清晰的视觉只是在视网膜中央凹部大约 2°的影像上。"[①] 人们在观看屏幕的过程中，不自觉地会将整个屏幕与双眼的视野范围重叠，这样就可以在不移动头部的情况下利用眼球的运动来将自己所关注的画面元素成像在视网膜中央凹附近，并凭借视觉暂留来获得清晰的影像。因此屏幕的尺寸直接制约了人们的观看距离：面对影院的巨幕，人们必须在较远的距离才能在视网膜上容纳整个银幕范围；面对电视机时，这个距离便会缩短很多；而使用平板电脑和手机时，这个距离将会更短。随着屏幕尺寸的缩小、阅读距离的缩短，可以同时观看的人数也随之降低，

---

① 莱斯利·施特勒贝尔，霍利斯·托德，理查德·D. 扎基亚. 摄影师的视觉感受 [M]. 陈建中，纪伟国，译. 北京：中国摄影出版社，1998：11.

影像观看的活动最终由公众走向了私密。在观看电影时，人们聚集在一个黑暗的大房间内，不论认识与否，关系的疏密远近，在电影放映的这段时间内，他们必须身处同一个空间。电视则将这个空间缩小到了家庭成员，从而排斥了非亲缘关系的人的存在。随着屏幕的微型化，这种"排他性"发展到了极致，方寸之间的 VR 眼镜的电子屏幕实现了完全属于"自我"的空间，排除其他一切人，包括血缘关系的亲人，围绕着屏幕的只有使用者自己。这种排他性体现了人们追求"个人自由"的意愿，也就是说，这个屏幕只属于使用者自己，他不再需要考虑别人的需求，完全按照自己的意愿和需求来支配这块屏幕，屏幕中的世界是属于使用者自己的、独一无二的。然而，从另一角度看，这种"排他性"却疏远了人与人之间的距离，这种距离更多是一种心理感受上的距离，特别是在家庭成员之间。人们醉心于手机屏幕所呈现的虚拟空间，而对身处的现实世界视而不见，最典型的表现就是餐桌上人们不是面对面地谈天说地，而是拿着手机各自浏览。美国调查机构发布数据显示，智能手机用户平均每天查看手机约 34 次。而我国日前发布的白领手机指数调查也显示，全国白领日均使用手机时长为 3.93 小时，这意味着除去 8 小时睡眠和 8 小时的工作时间，在剩余的时间里手机屏幕占据了将近一半。人们越来越以"自我"为中心，"在后信息时代中，大众传播的受众往往只是单独一个人。"[1] 而人际之间的交往更多依赖于屏

---

① 尼·尼葛洛庞帝. 数字化生存［M］. 胡泳，范海燕，译. 海南：海南出版社，1997：192.

幕，而不是面对面地交流。

第四，随着屏幕尺寸的变化，人们的参与程度也在不断加深。麦克卢汉将媒介分为热媒介和冷媒介两种，他认为区分两者在于：热媒介只延伸一种感觉，并使之具有"高清晰度"。高清晰度是充满数据的状态。照片从视觉上说具有高清晰度。卡通画却只有"低清晰度"。原因很简单，因为它提供的信息非常之少。电话是一种冷媒介，或者叫低清晰度的媒介，因为它给耳朵提供的信息相当匮乏。言语是一种低清晰度的媒介，因为它提供的信息少得可怜，大量的信息还得由听话人自己去填补。与此相反，热媒介并不留下那么多空白让接受者去填补或完成。因此，热媒介要求的参与程度低；冷媒介要求的参与程度高，要求接受者完成的信息多。① 由此可见，清晰度和参与程度是判断冷热媒介的两个重要因素。作为替人们制造"梦想"的电影，它的画面具有极高的清晰度，加上快速的镜头切换和丰富逼真的环绕立体声，使得人们在观看的过程中难以脱离电影，人们的眼球完全被画面吸引。"电影图像每秒钟提供的光点超过电视的光点，数以百万计，看电影的人不用急剧缩减光点的数目也可以构成印象。相反，它趋向于一揽子接受其完整的形象。"② 在这个观看的过程中，人们很难脱离电影的情景来进行主动的思考，"热媒介"的特性使其具有强烈的排斥性，它使得人们的参与程度相

---

① 马歇尔·麦克卢汉. 理解媒介——论人的延伸［M］. 何道宽，译. 北京：商务印书馆，2000：51 - 52.

② 马歇尔·麦克卢汉. 理解媒介——论人的延伸［M］. 何道宽，译. 北京：商务印书馆，2000：386.

对较低，被动的信息接收成为电影传播的重要特征。相比电影，屏幕尺寸较小的电视提供了相对较低的清晰度，它通过扫描方式（逐行扫描或者隔行扫描）来勾勒出景物的轮廓。"电视图像每秒轰击收视者的光点约有 300 万之多。从这么多光点中，他只能每一刹那接收几十个光点，他只能靠这少数的光点去构成一个图像。"① 在这一点上，电视与数字影像利用像素点来构成画面是完全一致的，只是它的像素数相对较少，更像明暗相间的马赛克图像。这使得人们在观看电视时接收到的信息相对有限，很多信息必须通过自身的思考来加以完善。如果给孩子戴上试验用的头式照相机，以追踪他们看电视时眼睛的运动，就可以发现他们的目光始终集中在演员的面部。甚至在打斗场面中，他们的目光都盯在演员的面部反应上。而不是集中在火山爆发式的打斗动作上。在偏重面部表情的时候，枪炮、刀剑、拳头全都没有放在眼里。电视与其说是一种动作的媒介，不如说是一种动作反应的媒介。② 其实，如果从"电视"是现实的"镜像"这个层面来理解，似乎更容易判断出它是一种冷媒介。在节奏上电视更贴近于现实生活，不像电影那样是对现实世界的浓缩与凝练，它看上去更加舒缓。人们有时间，也很容易将这个镜像世界与现实世界画上等号，从而将对现实生活的反应与思考原封不动地转移到这个镜像上来，电视让人们更多地参与其中。诸如手机这类

---

① 马歇尔·麦克卢汉. 理解媒介——论人的延伸 [M]. 何道宽, 译. 北京：商务印书馆, 2000：386.

② 马歇尔·麦克卢汉. 理解媒介——论人的延伸 [M]. 何道宽, 译. 北京：商务印书馆, 2000：394.

小尺寸屏幕的移动终端属于哪种媒介呢？其实它的媒介属性来源于互联网。有着海量信息的互联网似乎有着很高的清晰度，但是如果我们仔细考察可以发现，它的清晰度并没有我们想象的那样高。例如，在百度或谷歌上输入一个关键字来查找我们所需要的信息，这时你会发现有成千上万条的搜索结果，我们需要对这些结果做出正确的判断才能达到我们的最终目标，而这并不是一个简单的单项选择题。相比较电影和电视，互联网的清晰度似乎更低，我们需要付出更多的主观努力才能找到目标。麦克卢汉认为热媒介具排斥性，冷媒介具有包容性。而互联网恰恰有着超过以往任何媒介的强大包容性，以维基百科为例，它不仅向用户提供各种术语的定义，还允许用户修改这些定义，这种状况在电影、电视这些媒介上是不可想象的。互联网包容性的另一个典型的案例便是视频网站流行的弹幕，它让人们在观看视频作品的同时将自己的感受随时呈现在画面上，并且这种互动已经扩展到了不同弹幕发出者之间，而不仅仅局限弹幕发出者与视频作品之间。互联网给予人们极大的空间，让他们参与到信息的发布和反馈活动中，人们不再是单向度的接收者，整个互联网处于一种高度活跃的互动之中。毫无疑问，它是一种冷媒介。同理，VR头盔和眼镜提供给我们一个看似清晰度极高的虚拟场景，它容纳了水平和垂直各360度的完整视角，但就像互联网上的海量信息一样，如此宽广的视野也让观众难以一目了然，这反而降低了虚拟场景的清晰度。当用户进入这个虚拟场景时，整个探索过程完全按照观众的主观意愿来进行，观众决定了怎么看和看多久。而计算机则根据观众所做出的动作在虚拟场景中做相应的反馈，这种互动关系处于非常活跃的状态，可见 VR 也属于一种冷媒介。当然，这种互动性也是 VR 的魅力所在。

第五，从观看视线的角度来看，随着屏幕的变化，人们的观看由仰视逐渐走向了俯视，这种变化在一定程度上影响到了人们的阅读心理。在影院观赏电影时，人们需要花费特定的时间、在特定的地点，聚集在一起仰视着光亮的银幕。这种感觉就像人们在周末前往教堂做礼拜一样，面对着教堂上方印有圣像画的彩色玻璃透出的圣洁光芒。这一切似乎带有一种仪式感，让人沉浸其中。电视则让人的视角转变为平视，整个过程显得更加随意自然，你可以面对生活，也可以忽视它的存在。观众不必像看电影那样，将精力高度集中于银幕之上。而面对承载着互联网的移动终端屏幕，它似乎更像一个玩物，让我们时刻低头把玩，观看的过程转变为与他人无关的、纯粹的自我娱乐活动。在这里，照片世界和视觉世界是使人感到安稳的麻醉区域（The photo and the visual worlds are secure areas of anesthesia.）。① 这种态度的变化，不仅仅与视线的角度有关，还与屏幕上所能阅读到的细节有关，这一点在视频影像上的表现尤为突出。局限于过小的屏幕尺寸（目前主流智能手机的屏幕尺寸都在 6.5 英寸以下），它所能呈现的细节与传统的电影银幕有着天壤之别，特别是对于一些大场景画面，例如当把大银幕上呈现出的璀璨星空的夜景画面转移至手机的小屏幕上观看时，夜空中的点点星光难以呈现

---

① 马歇尔·麦克卢汉. 理解媒介——论人的延伸 [M]. 何道宽，译. 北京：商务印书馆，2000：254.

在屏幕上。因此，就像电视出现时更多采用近景和特写画面一样，为小尺寸屏幕定制的影像不论在画面景别的运用上，还是在影调、色彩的控制上，更多围绕着如何突出主体形象，简化画面元素，避免过多细节来进行。这恰恰能够帮助人们在尽可能短的时间内读取画面信息，甚至一带而过。

如今影像的表达已经走向了屏幕化，上述这些特质都深刻影响着屏幕上所呈现的影像，人们对于影像的观看方式已经由原先的细读转向了浏览，而这也必然带来一系列与影像创作相关的变化。

第二节　影像"身体信息"的变异

摄影，不论是静态照片还是电影画面，其最根本的特性就是"记录"——它"忠实"地记录下快门机械装置运作瞬间在胶片平面所形成景物影像的各个细节。随着时间的流逝，当我们再次观看这张照片或电影画面时，依然能够通过它直观地看到已经过去的那个瞬间场景与形象。如今，摄影作品的承载体已经从实物照片转变为电子屏幕，当我们审视这两种不同载体上的影像时，它们之间似乎存在着微妙的差异，这与影像所要传递的信息有关，却又让人难以察觉。

首先让我们从"一张照片所能够传递给人们的信息有哪些？"这个问题入手。面对这张1854年由纳达尔拍摄的法国诗人查尔斯·波德莱尔的肖像照片（图2），我们可以获取哪些信息？粗略归类大致有两类信息：一类是显性的信息，也就是视觉观看过程中直接呈现给观众的那部分信息，包括了画面中视觉元素的形象信息和画面的影调色彩等。对于这幅作品就是诗人波德莱尔本人的形象，包括他的样貌、发型、服饰、姿态、背景等，还包括这张照片的黑白影调、偏黄的色调以及画面细部的纹理与颗粒。此外，如果仔细观察我们还可以发现照片的表面还有很多的划痕、折印以及污渍等细微的痕迹。另一类则是隐性的信息，它们是在显性信息传递给观众的基础上由观众结合自身所处的社会环境、生活经历以及情绪状态而感悟和体会到的信息，因此这类信息的传达是因人而异的。对于这张肖像照片，也许有人会感受到波德莱尔放荡不羁的性格，也可能会有人感受到波德莱尔内心的苦闷与矛盾……同样，人们在观看一张数

图2　查尔斯·波德莱尔
（摄影：纳达尔，1854 年）

字照片时也会接收到这两类信息，但是在第一类显性信息中却没有类似与传统实物照片上的各种颗粒、划痕、折印以及污渍。

台湾学者吴嘉宝先生 2002 年曾经在《影像的文本与其脉络性信息》(*Information of Image and Contextual Interpretation of Image*)① 中论述过类似的问题，他使用了"身体信息"这一概念来加以阐述。鉴于此，本文沿用"身体信息"这个概念来进行探讨，为了加以区分，本文将摄影影像所传达的显性信息分为"本体信息"和"身体信息"。

本体信息是指观众在欣赏作品的过程中接收到的与画面所传达具体内容相关联的视觉信息，即影像本身。它包括了构成画面内容的具体形象和构成这些具体形象的造型元素，如影调、色彩、结构等表现形式。身体信息则是与影像的承载体紧密相关的信息，例如油画中的笔触、画布的纹理等。身体信息是由影像载体的材质、媒介、制作工艺以及随着时间流逝所产生的材质老化和变异等信息构成。例如，一幅风景画作，呈现给观众的夕阳、海面、天空……这些具体的形象就是本体信息，而这些形象又是由影调、色彩、构图等来构成的。所以这些为观众所瞩目的与画面具体形象相关联的信息都属于本体信息。而至于这幅风景画是油画或者水粉画，又或者是计算机软件绘制输出在纸张上的图片，这些不同材质所带来的信息则属于身体信息。需要强调的是，身体信息是属于附加在本体信

---

① 吴嘉宝. 影像的文本与其脉络性信息 [C]. 观看的对话，2002 年中华摄影教育学会国际专题学术研讨会论文集（台湾），2002：15.

息之上的信息，它同样可以引导和帮助观众去领会更深层次的隐性信息。就像上面那张160年前波德莱尔的肖像照片，斑驳的污渍、深浅不一的划痕，以及褪色变黄的相纸，无不呈现出它所经历的沧桑岁月。

鉴于其与影像载体之间密不可分的关系，身体信息呈现出以下的特质：首先，身体信息是影像载体物质特征的反映。任何影像都必须以某一物质材料作为承载体，胶片、相纸、画布、纸张……这些都是影像的物质基础，没有这个载体影像也就不复存在。而不同的物质载体，其表面的材质、纹理和制作工艺各不相同，这必然带来不同的视觉呈现效果。例如，同样是对于风景的描绘：采用宣纸、毛笔和水墨的中国画，讲究的是通过点、染、皴、擦来表现墨色的黑、白、干、湿、浓、淡，所描绘的风景更加讲究意境而不注重写实；而采用亚麻布和快干型植物油调和颜料的西洋油画则讲究通过颜料的遮盖力和透明性来表现所描绘对象丰富的色彩和立体的质感，它所描绘的风景色彩更加绚丽，也更加写实。这种材质的变化在影像发展历程中一直不断地演进，如果我们考察摄影的发展史，就会发现它首先是一部摄影技术的发展史，而这种技术的进步很重要的一个表现就体现在材质的变迁上。从早期的银版摄影术、卡罗摄影术到火棉胶摄影法，再到干板摄影法、赛璐珞软片，一直到现代的胶片和相纸，拍摄影像的介质一直在发生着变化，它们各自的影像也呈现出不同的视觉效果。图3中的两张照片分别为早期金属板照片和现代相纸照片，我们可以直观地感受到不同材质使得它们呈现出不同的视觉外貌。

图3 早期金属版照片和现代相纸照片
右图（摄影：吴毅）

再者，物质载体总是有着自己的生命周期。虽然人们一直希望能够延长照片的寿命，希望几十年甚至上百年后看到它的样貌能与它刚刚被制作出来时的一样，但是岁月是无情的，随着时间的消逝，它一定会走向衰老和消亡，这些都会在其物质载体上呈现出来。人类历史上留下的种种壁画残影便是最好的证明，以我国著名的敦煌壁画为例，经历一千多年的沧海桑田，虽然大部分壁画都得到了较好的保存，没有明显的脱色现象，但是时间总是会在壁画的表面留下它的痕迹，很多人物壁画作品中皮肤的颜色已经由初绘时得到肉色变成了黑色、铅灰色或褐色。时间无时不刻在侵蚀着物质载体，改变着它的表面色彩、结构和纹理，这些变化就是时间流逝最佳的明证，它就是历史。同样的情况也作用于摄影，图4为达盖尔用银版摄影术拍摄的法国林荫大道寺院的街景照片，从放大的局部可以看到这张金属版表面的影像包含了丰富的历史信息，各种长短不一、形状各异的划痕，以及长时间受环境侵蚀而磨损殆尽的影像。这种不断遭受自然环境和社会环境侵蚀而出现的附加信息恰恰构成了身体信息的一个非常重要的组成部分，我们可以称之为身体信息中的历史信息。由此我们可以得出一个结论，身体信息是一个不断处于动态变化之中的信息，从诞生到消亡，它会呈现出各异的表征。对于观者而言，这种表征也是照片的一个重要的吸引力，同时也是照片历史价值的重要体现之一。

图 4　林荫大道寺院及其局部
（摄影：达盖尔，1838/1839 年）

相较传统摄影，数字摄影呈现出完全不同的面貌。由于数字影像是以方块像素为基本单位来构建整个影像，每一个像素实质是一个虚拟状态的单色纯色块，它们可以按照不同的像素密度（分辨率）进行映射以形成我们视野中看到的影像画面，因此数字影像本身只是一个数据文件。它必须通过某种介质，可以是显示屏幕，也可以是纸张，才能够为人们所看到。也就是说，同一影像既可以在显示屏幕上观看，也可以制作成纸质相片来观看。这时我们会发现传统影像的身体信息对于数字影像来说似乎难以界定，呈现出一种模糊状态，就好像《西游记》中孙悟空的七十二变，一个数字影像文件可以幻化出无数的照片，它们有着各式各样的外貌。

如果从成像的过程来考察传统摄影与数字摄影，我们会发现：传统摄影是基于卤化银的感光特性，也就是说在胶片的感光乳剂层中分布着大量的卤化银颗粒，这些颗粒是处于无序的随机分布状态。成像的过程就是使这些卤化银颗粒感光还原为单质银颗粒的过程，经过显影、定影后，根据感光的强弱在画面上会形成不同密度的银颗粒堆积，也就是人们所看到的银盐影像。因此，传统摄影的身体信息是与生俱来的。而数字摄影的成像是电子化和数字化相结合的过程，图像传感器的感光单元对所接受到的光线强度产生相应的响应电信号，这些电信号再经过模数转换装置转换为数字信号存储下来，整个过程都是以不可见的电子信号方式进行，因此从本质上看数字影像本来就没有身体信息。如果我们再仔细比较传统影像与屏幕上数字影像的细部结构便会发现：不论是绘画作品还是摄影作品，其身体信息本身包含了丰富的内容，各种笔触、颗粒、材质、纹理以及岁月留下的痕迹……而数字影像却没有这一切，它所具有的仅仅是空白，当我们放大数字影像，最终只能看到一个个纯色的方块（图5）。这里时间的流逝对于数字影像来说也变得毫无意义，因为它本身没有物质载体，也就不存在时光的侵蚀。终于，人类找到了一种可以永久保存影像的方式。

图5　局部放大的数字影像

（上方为下方图片白色区域放大）摄影：吴毅

　　数字影像要作用于人们的视觉，就必须通过其他物质介质的转换才能达到，也只有在这个过程中才会衍生出数字影像的身体信息。这种身体信息与传统影像有着明显的差异：首先，它具有多样性。也就是说同一数字影像可以通过各种不同的载体来进行呈现，也就是说它的身体信息并不唯一。其次，它具有良好的可复制性。不论任何时候，只要呈现的介质相同，打印输出也好，投影放映也好，或者在计算机屏幕上显示，数字影像都会呈现出相同的外貌。正是基于上述两点，数字影像成为我们时代的消费品，或者说我们不再关注它是否能够保存多长时间，更多是随时使用随时输出。因此，身体信息对于数字影像来说变得更为模糊、更加含混不清。

　　这种身体信息的模糊在另一个层面上又使数字影像面临着一种尴尬的境地——它到底应该被呈现为什么样态？为了弥补身体信息

的缺失，人们想出很多方法：将影像输出到不同材质的介质上，胶片、纸张、玻璃、木板、金属……用输出介质的表面特性来弥补数字影像自身的不足；通过一些特定的软件来为数字影像添加纹理和材质，例如模拟传统胶片的颗粒感，添加岩石表面的质感，做旧照片效果来模拟岁月的痕迹……其实，不论人们怎样努力，最终追寻的都是镜花水月。影像传统意义上的身体信息在数字时代已经被解构，留下的仅仅是作为技术特征而存在的所谓的身体信息，这是一种普遍存在的变异现象，它离我们追求的目标渐行渐远。试想一下，当我们在显示屏幕上看到一张布满划痕与脏点、泛着淡淡黄色的照片时（图6），是怎样一幅滑稽的场景。传统意义上时间所留下的痕迹已经被极大地消解，这种身体信息的变异在很大程度上打破了人们对历史和介质的尊重与敬畏，如今人们更多以一种戏谑的方式在模仿着历史，模仿着各种材质。然而，这一切却与岁月毫无关联。真实到底如何？

图6　做旧效果的照片（摄影：吴毅）

如果回首历史的进程，我们可以发现影像身份信息的变异起源于现代图像印刷技术的诞生。当影像能够大量复制的时候，它原先所具有的唯一性就被打破，特别是当大量的艺术作品以印刷品的形式出现时，艺术品自己专属的身体信息就已经丢失了。便捷的、大批量的复制使得这些印刷品的价格极其低廉，它们其实成了真品的替身，更为重要的是它们成了大众的消费品。而消费品的生命周期是非常短暂的，一旦消费行为完成也就意味着它生命的完结。数字影像的诞生则是一次更加激进的革命，它甚至将印刷品的原稿都加以丢弃，它自身就可以无限复制，几乎没有任何成本消耗，也没有任何品质上的变化，这是以往的所有影像无法企及的。毫无疑问，数字影像成为大众日常生活中彻彻底底的个人消费品，人们需要的仅仅是其消费价值，至于它何时从人们的视野消逝，又或者它能为将来留下什么，这些都不是人们关心的问题。

面对互联网上数以千万计的影像，它们的身体信息含混不清，关于时间的印痕难寻踪迹，只有极少数专业技术人员才能从影像数据文件的细枝末节中找到蛛丝马迹。或许，我们可以从另一个角度来看待这一问题，当一千年后我们的后人读取到这些数字影像时，它们所呈现的外貌与我们当下看到的一模一样，这很可能对他们来理解我们的生活有着极大的帮助。当然前提条件是没有身体信息的它们能够以数据的方式被保存下来并交到后人的手中。至今我们大多数人依然盲目地相信这些没有身体信息的数字影像有着无限的生命力，它们能够永远流传下去。……然而，事实却常常让人失望。《清洗遗失的面孔》是路透社摄影师 Toru Hanai 于 2011 年日本 3.11

海啸大地震后的一个月拍摄的，照片记录了志愿者正在清洗从废墟上收集到的家庭照片，它们是遇难者们留下的唯一影像；而那些以数字形式存储在电脑里的影像已无踪影。这或许对我们来说是一个警示，提醒我们应当思考怎样面对数字影像身体信息的变异。

第三节　作为明证的影像

摄影的"记录"特性是它被广泛运用于实用领域最为重要的原因，不论是作为个人样貌证明的证件照，还是作为商品展示的产品照，特别是作为事件发生现场的新闻报道照片。它通过抓取新闻现场的瞬间画面来向读者强调和证明信息来源的真实性与可靠性，毕竟绝大多数人都秉承着"眼见为实"的观念。

随着数字技术和互联网技术的发展，在新闻报道领域这种作为证据的影像从生产者到表现形式也产生了巨大的变化，并引发了一系列的波动。20世纪90年代中后期是我国新闻报道发展历程的关键点，新闻报道的彩色化、数字化和网络化都是在这个时间点开始发展起步，并逐渐成为互联网时代下新闻报道的主要特征。

20世纪80年代之后随着彩色桌面出版技术在美国的兴起并波及全球，彩色照片广泛出现在报纸、杂志和书籍上。而在我国彩色照片在新闻报道中使用是在1990年出现了端倪，真正意义上大范围、广泛的使用还是在20世纪90年代中期以后。"90年代中期，《沈阳日报》《厦门日报》首次在我国地方党报版面上运用彩色图片，定期出版彩色画刊。《中国青年报》《南方周末》这些我国新闻摄影报道占据举足轻重地位的媒介也开始进行了版面（照片）的彩色化。《新周刊》《三联生活周刊》这一类的新闻周刊的面世更对我国新闻摄影彩色化起到了推波助澜的作用。"① 在此之前，黑白照片是我国新闻报道中影像使用的主体，并且受制于制作成本，其在使用数量上也受到了一定的局限。在新闻报道彩色化的进程中，也出现了黑白照片与彩色照片共存的过程，但随着经济和技术发展，特别是2003 年之后数字摄影技术的普及，彩色照片逐渐取代黑白照片成了新闻报道中影像使用的主体。在新闻报道彩色化的最初阶段，胶片仍然是影像获取的主要介质。局限于相机复杂的技术操作门槛，职业新闻摄影师是胶片时代新闻影像的主要生产者，他们隶属于各种通讯社、报社等新闻采编单位。这些摄影师大都经过了长期的专业训练与实践，不仅具备熟练的摄影技能，更有敏锐的新闻意识和高超的影像把握能力，能够在事件发展的过程中抓取到典型性的瞬间，从而为报道提供有力的支撑。这些经典的新闻摄影作品不仅在事件当时有着重大的社会影响，甚至在很长一段时间内对后来者有着深刻的影响，很多都成为中国摄影史上的经典作品。例如，解海龙自1990 年起，历时十年深入我国 26 个省的 128 个县，接触了 100 多个学校的上万名孩子，拍摄报道了反映我国贫困儿童受教育状况的系列报道摄影《希望工程》，产生了强烈的社会影响。其中《大眼睛

---

① 宿志刚. 镜间对话——与当代摄影师、艺术理论家的对话［M］. 吉林：吉林摄影出版社，2003：63.

的希望》这张作品凭借纪录性和艺术性的完美结合成为 20 世纪我国
公认的经典影像。但是，对于一些突发性事件来说，职业摄影师的
缺位造成了影像的缺失，这是胶片时代新闻报道一直无法弥补的
缺憾。

实效性是新闻报道的核心价值之一，数字相机"即拍即现"的
特性恰恰能够满足这一需求。但在数字相机发展的拓展期（见附录
一），动辄 20 万元以上的高昂价格使得它在我国最先为仅为官方媒
体所采用。"1996 年亚特兰大奥运会因为时差的关系，新华社和国
内的部分主要传媒启用了数字相机；香港回归的报道当中，1997 年
6 月 30 日，新华社摄影记者王岩，使用数字相机、新华 200 传真机
和移动电话，在行驶的汽车中发出江泽民主席抵达香港的照片。这
真正标志着中国新闻摄影数字化的到来。"① 2003 年之后，随着数字
相机进入成熟期，它的价格日渐降低并在我国逐渐普及开来，越来
越多的普通人可以接触摄影。数字相机将摄影原有的技术门槛降
到了最低程度，即使普通人都可以使用智能化的数字相机拍摄出
技术接近完美的照片，而他所需要做的仅仅是按下快门。新闻报
道的数字化成为现实，不仅仅职业新闻摄影师采用数字相机进行
拍摄报道，越来越多的突发事件被恰巧处于现场的普通人记录下
来，这些照片也越来越多为各个媒体所采用，它极大地弥补了胶
片时代新闻报道摄影的缺憾。而这些为新闻媒体提供照片和相关

---

① 宿志刚. 镜间对话——与当代摄影师、艺术理论家的对话［M］. 吉林：吉林摄
影出版社，2003：62.

信息的普通人被称为"公民记者",虽然他们拍摄的画面或多或少与职业摄影师之间有着一定的差距,但呈现新闻事件发生的"现场"远比画面的美观更具价值,他们的作用日益重要并成为新闻报道中一支重要的力量。

1997年人民日报网络版正式进入互联网,这是一个标志性事件,它表明我国的官方媒体已经正式进入网络化,随后一年新浪、搜狐等门户网站成立,新闻报道的网络化趋势已经到来。局限于2G网络的传输速率,2008年之前的新闻报道影像更多以文字和较低分辨率的图像为主,而在这之前只有职业新闻摄影师才可以通过传真电话来快速传递照片。2008年之后,随着3G网络的成熟与广泛应用,特别是2010年手机摄像头介入数字影像的拍摄,新闻媒体对于公民记者的依赖性与日俱增,而职业新闻摄影师却面临着尴尬的境遇。出现这种状况的主要原因在于:彩色桌面出版技术使得照片更多出现于纸媒之上,而互联网技术则使得人们越来越依赖于屏幕阅读门户网站上的新闻信息,网速的不断提升使得影像上传与下载的耗时越来越短。网络上新闻的传播速度已经远远超过传统的纸媒,用户可以随时刷新页面来获得最新的信息。相较于文字,影像具有简单直观的形象和更快的阅读速度,同时它对观众的吸引力更大,因而在新闻传播中的地位不断提升。新闻报道的文字篇幅越来越短,运用图片的数量越来越多成为一个大的发展趋势。随着图片需求量的不断增加,职业新闻摄影师的数量越来越难以满求。虽然我国不少高等院校开设了摄影专业,但大都面向商业摄影和艺术摄影,却没有专门针对媒体行业的新闻摄影专业。随着互联网的兴起,各大门户网站都急需一大批摄影专业人才，这使得职业新闻摄影师更加稀缺。同时，面对日益激烈的同行业竞争和对新闻报道时效性越来越高的要求，越来越多的新闻媒体采取了以质量降低来换取数量的方式，不仅要求文字记者拍摄报道图片，更广泛采用公民记者的图片。与专业的新闻摄影师不同，这些文字记者和公民记者缺少视觉审美方面的专业训练，同时在新闻摄影技能上也有着明显的不足。这在一定程度上造成了新闻报道影像品质的明显下降，但新闻行业内部已经无法顾及这些，他们的唯一要求就是"把现场拍摄下来"。这种现象凸显在一些中小型媒体和地方媒体，至于像拥有人才资源优势的新华社这类老牌官方媒体，虽然情况要比其他媒体好很多，但还是会要求文字记者拍摄一些新闻图片。

与其他摄影门类一样，新闻摄影也是作用于人们的视觉，它必须符合基本的视觉规律，而这是职业摄影师必须接受的训练。对于文字记者和公民记者，缺乏基本的训练使得他们在把握影像的能力上有着明显的不足，当然不排除个别人独具的天赋，但从总体上看他们拍摄的作品，不论从主题的把握上，还是从视觉元素的安排以及瞬间的把控上，都与职业摄影师有着显著的差异。因此，对于新闻摄影专业人才的培养是我国当前高等摄影教育面临的一个紧迫的问题。避免人才的断层，增加专业从业人员的数量才能从根本上提升新闻报道影像的内涵和品质。从长远的角度看，它也是提高我国国民素质，特别是视觉素养的一个重要战略步骤。

另一个需要提出的问题是，随着互联网的高速发展纸媒逐渐走向衰落，传统纸媒行业面临着向数字化的转型。然而面对已经在互联网打拼了近十年的各大门户网站，传统纸媒行业显得力不从心，它们无法很好地认识到互联网这种媒介的特性。直到 2008 年，数字相机视频功能的完善使得传统纸媒似乎找到了一根救命稻草——"流媒体"，他们希望通过将新闻照片和视频剪辑成报道短片上传网络来重整旗鼓（图7）。作为一种新的表达方式，"流媒体"更接近于电影短片而不是电视，也确实能够吸引部分受众。虽然看上去它集中了照片和电影短片的优点，但是从另一个角度看它也同样丢失了照片和电影短片的优点。照片的观看是处于一种静静地感受与思考状况，观众可以长时间停留在一幅作品前，慢慢地、仔细地体味照片的意味，它可以任意遐想而不必考虑时间的限制。而一幅作品能够给观众带来多少信息和遐想决定了观众在它面前停留的时间。电影作品的欣赏则是一个观众被引导的观看过程，观众按照导演（或者是剪辑）的思路来观赏整个作品，观众始终处于一种被动状态，他无暇仔细思考影片中的细节，必须集中注意力跟上影片的节奏。它丢失了照片欣赏过程中的体会与感悟的过程，而过小的屏幕（通常是在计算机显示器或者移动终端屏幕上观看）又使得它的清晰度很低，这又丢失了作为电影的优势，除非作品具有强烈的形式感和明快的节奏，否则很难吸引观众完成整个观赏过程。如果再拿流媒体作品与电视做比较，对于电视中的实况转播来说，流媒体没有任何优势可言，它更多是在事件结束后向人们快速简要地表述整个事件的状况；而对于一些专题类电视节目，人们其实并不需要花费很大的精力加以关注，常常出现的状况是在电视声音的帮助下人们一边干着手边的工作，一边抽空瞟两眼电视画面，电视在这里作为环境的一个元素存在。而流媒体却无法做到这一点，人们在使用互联网时就是在从事一种工作，它不允许你分心去做其他事情。若流媒体作品的吸引力不足，受众甚至可以通过拖拽的方式跳跃到作品的结束部分，甚至可以直接关闭窗口去寻找其他感兴趣的信息。由此可见，人们对流媒体作品有着很高的要求，它必须有足够的吸引力才能牢牢掌握受众的注意力。

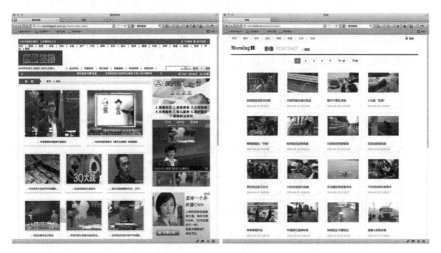

图7　北京晨报
（左）和潇湘晨报（右）视频（"流媒体"）版面

从拍摄制作的角度上看，流媒体的创作同样存在着问题，它其实是我们在互联网时代面临的共同问题——多任务处理。流媒体希望通过视频和音频来替代文字报道，同时又能够保持报道照片的主体地位，这就要求创作者需要同时拍摄照片、视频以及录制声音（毕竟数字相机内置录音系统的精度还是偏低的）。视频拍摄与照片拍摄是两种完全不同的工作：视频拍摄注重的是过程，它需要保持整个过程的流畅平滑；照片拍摄则注重瞬间的把握，它并不需要记录下完整的过程，但是需要摄影师能够判断并抓取整个事件过程中最具典型性的场面。这是两种完全不同的创作思路，极少有人可以同时胜任两项工作，更何况还要录制现场的音频。从目前的行业状况看，绝大多数的流媒体作品都是由单人独立创作完成，这其实是将电影摄制组的所有工作外加摄影报道工作集中于一个人身上，难度之大可想而知。同时作为职业摄影师，他们更加擅长的是典型瞬间的抓取，对于影视的拍摄手法所知甚少。由此我们也就可以理解为何大多数流媒体作品的质量不高。

其实，作为一种信息传播形式，"流媒体"包含了互联网上所有在线播放的视频影像，不论是电影作品、电视节目，还是新闻报道作品。新闻报道行业如果希望更好地利用"流媒体"这种形式，那么需要解决的核心问题就是专业分工，它涉及以下几个关键性的问题：首先是定位问题，视频拍摄不是职业新闻摄影师的专长，视频在整个作品中的地位应当居于次要地位，更多精致的报道图片应该成为整个影片的主体，视频更多起到衔接和体现现场气氛的作用。如果要以视频报道为主，那就应当由职业视频拍摄人员来完成，而不是新闻摄影师。其次，应当专门培养一批后期剪辑人员，就像所有的新闻媒体都会聘用专门的图片编辑一样。这些剪辑人员既要懂得电影剪辑的理念、方法和技术，同时还要对图片的欣赏心理有着较为深刻的理解，特别是要对新闻报道十分熟悉。这样才能将静态的新闻图片素材制作成具有吸引力的报道短片。最后，在采访报道过程中，应尽可能为摄影师配备文字编辑。同处于现场的文字编辑不仅可以撰写稿件，还可以兼顾现场的录音工作，甚至可以临时看顾视频摄制的相机。这种人员配置方式解放了繁杂工作对摄影师的束缚，使他们能够有充足的精力集中于照片的拍摄。

对于新闻事件的深度追踪报道来说，新闻摄影师更加擅长；而对时效性和娱乐性要求较高的报道内容则更适合公民记者以及流媒体创作者。

第四节　影像的失真

"继英国广告标准局 2011 年 7 月以法国化妆品巨头欧莱雅旗下美宝莲和兰蔻两款平面广告过度 PS，有意美化模特误导消费者为由，被撤销后，2011 年 12 月 21 日，美国全国广告部（NAD），对宝洁旗下品牌'封面女郎'（Cover Girl）的一款眼睫毛液广告发出禁令，NAD 广告监察组批评这款广告中美国乡谣小天后泰勒·斯威夫特（Taylor Swift）的形象经过了电脑的过度加工，明显它们夸张了产品的潜在效果，将会误导消费者。"[①]

这则刊登于《中国摄影》上的消息向我们透露出一个非常重要的信息——很多数字影像与它所拍摄的对象之间有着巨大的差别。这种失真现象来源于计算机图像处理软件强大的后期编辑功能，它

————————

① ［N］．中国摄影，2012，（02）：16．

可以让人们坐在明亮的工作室里，喝着咖啡轻松地对数字影像进行移花接木。

其实在胶片时代的传统暗室里，很多摄影师和后期制作人员就已经在进行着各种修改照片的工作了，当然这主要局限于能够手工放制的黑白照片。在摄影术诞生不久的早期仿画阶段就出现了利用多张照片拼接合成的照片，其中最具代表性的是 1857 年在英国"曼彻斯特艺术珍品展览会"上展出的由英国籍瑞典人奥斯卡·古斯塔夫·雷兰德（Oscar Gustave Rejlander）通过多底叠放制作的摄影作品《两种人生》（图8）。这张模仿《雅典学院》绘画风格的 16 英寸 ×31 英寸照片耗时数周，采用了 30 张底片进行叠印，并且它几乎没有办法重新制作出同样一幅一模一样的照片。这种拼接合成的创作方式在随后的艺术摄影中得到了延续。美国摄影师杰里·尤斯曼则是当代拼接合成创作手法的代表性人物，不过他的观念与前辈不同，

图8　《两种人生》
（摄影：奥斯卡·古斯塔夫·雷兰德 1857 年）

拍摄时他并没有对画面最终效果的预判，画面的最终效果是在放大机前面对冲洗得到的各种底片时才形成的。杰里·尤斯曼的"成像后合成"理论体现了"摄影"向"图像"发展的趋势。胶片时代拼接合成的制作工艺非常复杂，对于制作者的技艺要求苛刻，并且难以复制，因此对于照片的修改更多局限于影调的控制，通过改变局部影调关系来调整画面的视觉秩序，获得最佳的视觉呈现效果。在黑白摄影时期，对画面影调局部提亮或压暗的修改是利用放大制作时局部遮挡和局部加光达到的，例如暗室技师巴勃罗·伊里里奥（Pablo Inirio）在放大制作奥黛丽·赫本肖像照片前，就对照片各个部分的影调进行了大量的标注，以便于在正式制作时有计划、有步骤地进行各个局部的影调调整，最终达到改善画面凸显人物的效果。对于制作工艺更为复杂的彩色摄影来说，对于色彩的修正与统一更为困难，后期修改的难度也更高。

与暗室里底片的放大制作相比，数字影像的后期处理已经走向了明室，并且它的功能更为强大。对于影像的修改，数字后期不仅仅是对局部画面的影调、色彩进行修改，还可以对画面元素的轮廓外形进行变形，甚至对单个像素进行编辑。它可以轻松地把你不想要的东西从画面中移去，替换为你所希望看到的。这使得商业影像作品，不论是静态照片还是动态影像，走向了极致的官能性表现。一切出现在画面中的对象都有着完美的外观，不论是活生生的人物，还是各式各样的产品。

其实在电影诞生之后，特别是好莱坞电影在全世界范围内确立其统治地位开始，电影就一直在为人们创建一种梦幻的生活样式，影片中呈现给人们的生活场景以及各种用品就成为人们竞相学习和仿效的对象，而年轻貌美的男女主角也成为人们心目中完美形象的化身，大众热切地希望自己从身体外形到生活方式都符合电影银幕上所呈现的完美形态。电影通过银幕上的影星为大众树立起一个个标准化的"样板"，他们成为大众的审美评判标准。然而，人们却并不了解银幕背后的真实，这些演员都是经过精心挑选的，再加上精致的化妆和戏剧化的灯光照明才使得他们展现出如此富有魅力的外貌。同样，之后的电视也是通过类似的方式来展现出广告模特完美的形象。随着大众传媒的发展，电影、电视、杂志等不断在塑造着身体美学的规范，通过爆炸式的信息传播方式将这些完美的形象充斥于受众眼前，人们在不知不觉中接受了这种霸权方式所推广的一系列关于自身形象的标准。"它暗示躯体越是接近青春、健康、苗条与美丽的理想躯体意象，它的交换价值就越高；而那些臃肿的、松垮的、变形的身体则被认为是'有问题的'。这便使人们对所谓的美趋之若鹜，以致我们的时代成为一个狂热迷恋上述身体之美的时代。"①

局限于影像修改的难度，数字影像广泛运用之前，它只能依赖于化妆和光线造型。数字后期技术极大降低了影像修改的门槛，我们可以任意按照自己的需要修改影像，不仅仅是整体的影调和色彩，包括局部的细节和质感都可以通过软件轻松完成。如今，大量 PS 美

---

① 梅琼林. 囚禁与解放：视觉文化中的身体叙事［M］//彭亚非. 读图时代. 北京：中国社会科学出版社，2011：302.

化过的照片出现于杂志报纸和互联网上，画面中的人物变得越来越完美，不仅仅面部的瑕疵可以修饰掉，皮肤的质感也被修改得越来越细腻，此外人物的身形和脸部轮廓也可以修饰到完美的程度。这些手段甚至延伸到视频制作领域，通过一系列的特效插件来美化人物的皮肤质感，使人物更趋近于完美。所有这些都指向一个目标，使影像脱离我们所看到的现实，达到大众传媒意识形态所设计的身体美学的标准与规范。伴随着这些形象完美的俊男靓女，人们对于自身形体的焦虑感也随之倍增，"在一个愈加民主化的社会中，在一个表面上看个人有充分的选择自由的社会中，人们却透过媒介的眼光不断审视自己的身体，以便使其达到或接近媒介的标准。由此，因为自己的身体和完美标准的距离而产生的关于身体的焦虑，就成为一种普遍现象。"①

之所以营造这种身体的焦虑，其目的最终仍然指向消费产品。在当下的经济社会中，消费是推动经济发展的直接动力。不论是大众传媒、商业集团或是生产企业，虽然它们提供的产品不同，但都是以销售作为盈利的手段。直接推销产品并不会产生多大的影响和效益，有效的途径则是培养用户群体。利用这些极致的官能性影像，一方面可以不断满足人们的视觉享受，使之沉浸于这些迷人的脸蛋、凹凸有致的身材和时尚的服饰，难以自拔；另一方面又在不知不觉中向受众传递着各种与身体形态相关的概念与词语，"美白""祛

---

① 梅琼林. 囚禁与解放：视觉文化中的身体叙事［M］//彭亚非. 读图时代. 北京：中国社会科学出版社，2011：303.

皱""修复""隔离""纤姿""美体""塑造曲线"……这些都一一在俊男靓女的完美影像上得以呈现，通过这种所谓的"眼见为实"，使得受众深信不疑并以此作为目标。"消费者在广告中，就像在神奇的魔镜中一样，时刻能看到自己，看到自己的身体、自己的需要、自己的魅力、自己的缺陷——它们是什么，它们在哪里，如何改变或完善它们。他被那铺天盖地的广告形象所规划、所启发、所引导，也许过去他一直不明白自己究竟想要什么，现在恍然大悟了，并且立即去实现它。"① 现在，不只是广告，这些完美的形象无处不在。美好的幻象使得人们深信不疑，希望通过消费行为来让自身达到"完美"。这种共赢的局面使得大众传媒、商业集团和生产企业更加重视利用"失真"的影像，将其拓展到各个产品领域。最为典型的实例就是苹果公司在其网页上设计的产品形象（图9），这些影像并不都是依靠拍摄设备获得，其中也加入了三维建模和平面绘画。它们具有极高的清晰度和完美的影调，质感强烈让人觉得似乎唾手可得，这些都对消费者有着极大的吸引力，它们从视觉上不断引诱着作为潜在消费者的受众。这也是为何欧美的一些广告监督机构要禁止过度修改影像的核心，因为它们太具有魅惑力，却又离现实太远。

① 梅琼林. 囚禁与解放：视觉文化中的身体叙事［M］//彭亚非. 读图时代. 北京：中国社会科学出版社，2011：306－307.

图 9　苹果公司官网 iPad 介绍

　　这种对身体的焦虑在不断地被推高，数字相机和手机拍照功能的普及帮助人们能够更加仔细、清晰地观看自己的身体，"自拍"行为的流行就充分体现出人们对于自己形象的极大关注。人们不断通过"自拍"来将自己的形象与大众媒介所设计的"完美"标准进行对照，并希望通过各种手段，诸如形象设计、化妆、美容、塑形、节食来加以弥补。而数字相机和手机配备的美肤效果功能以及各种功能强大的后期美化软件进一步帮助人们以更简单的方式实现了之前各种手段所无法达到的"完美"容貌，虽然它还停留在影像之上，但终归是向自己心目中的"完美"形象靠近了一步。如果我们在微博或者朋友圈中仔细看看这些自拍照，便会发现这种身体美学标准所造成的严重后果——绝大部分的照片都采用了类似的角度，再叠加软件的美容效果使得每个人都呈现出相似的外貌，作为个体的特征都被抹去了。"这一过程的实质是，我们的身体在主动地接受资本权利的规训，主动地成为消费社会的一大动力；人类身体形态的无限多样性被扼杀，身体被外部力量所操控，体验与被赋予了肉体活力的生命力相和谐的动人美感的身体观念已完全淹没在身体产业之中。"① 这种"千人一面"的现象成为大众消费时代的流行与时尚。当化妆和美容已经无法满足人们强烈的视觉和心理需求时，直接通过医学手段来改造身体就成为最终的选择，对完美身体的盲目追求最终导致的结果便是"整容"行为的流行。虽然它必须依赖于医学技术，但是在一定程度上大众媒介所炮制的美丽幻象确实起到了推波助澜的作用。

同样的状况也发生在新闻报道领域，不过它表现得更为隐蔽：完美的影像并不是新闻媒体篡改画面内容的根本目的，表达媒体或摄影师自己的观点才是真正的目的。胶片时代，不论西方媒体还是我国的媒体，在新闻报道中都曾经出现过篡改影像的"失真"状况，例如1942年意大利发表的一张墨索里尼骑马的宣传照片，为了体现领袖的"英雄形象"而将牵马的马夫从照片中删除。这时国家的主流意识和宣传的效果成为媒体所关注的根本问题，至于影像是否属实则成为细枝末节，虽然这违背了新闻报道照片以客观为标准的原则。时下，数字影像强大的后期编辑功能使得新闻报道照片更加容易被篡改，也更难为人们所察觉。

---

① 梅琼林. 囚禁与解放：视觉文化中的身体叙事［M］//彭亚非. 读图时代. 北京：中国社会科学出版社，2011：307.

　　新闻报道中影像的"失真"更多体现在对现实的截取、修改与拼接。例如美联社摄影师 Ursula Dah 在 2008 年报道伊拉克战争时拍摄了一张美军给战俘喝水的照片，为了表现西方的人道主义精神，编辑图片时仅仅保留了照片中呈现美军给战俘喝水的部分画面，而将顶在战俘头上的步枪部分画面删除。照片画面内的每一个对象都在向观众透露着一些信息，作为摄影师在取景构图的过程中不可避免的会带有主观的判断，换句话说，我们常常称道的摄影大师其实就是精于结构画面的人，他们擅长通过画面的安排让观众按照自己所理解的方式来解读照片的信息。这种不留痕迹的方式是最为高明的，这个例子其实就是摄影中的二次构图，但编辑者强烈的主观性改变了照片所隐含的潜台词。类似地，对于照片色彩倾向的调整同样可以达到误导观众的目的。在 1997 年 11 月 17 日发生在埃及著名旅游景点哈特谢普苏特神庙的枪击外国人事件的报道中，瑞士的《Blick》报为了营造袭击的恐怖气氛，将神庙前的水迹改为红色。不过由于色调处理过于明显，使得造假痕迹显露无遗。不同于胶片，数字影像的色彩修改非常的简便快捷，利用"色相和饱和度"调整功能可以轻松将夏季的绿色植被更改为深秋的金黄色，而这些操作在相机设置上也可以达到。那么对于新闻摄影就存在一个度的问题，应该始终遵循着以现场的实际场景为基准的适度原则，任何带有明显主观意图的修改色调都应当被严格禁止。在所有的篡改行为中，最为严重的是对于画面内容的拼接与合成，这方面的例子不胜枚举。虽然拼接与合成数字影像的难度已经远远低于胶片时代的暗室放大，但它仍然涉及画面的空间关系、光影关系、透视关系等诸多视觉表达方式，加上新闻报道对照片的时效性要求，因此制作难度相对较大，稍有瑕疵便让观众产生视觉上的不适，这正是大量合成新闻照片被察觉出来的主要原因。例如，获得 2006 年华赛经济与科技类单幅金奖的作品《中国农村城市化改革第一爆》就是由于采用了拼接的手段被网友质疑，最终被取消了获奖资格。虽然作者声称他原本希望利用全景接片的手法完成这张报道照片，并且照片是冲印店拼接而非他本人制作，但是从呈现的画面效果中可以明显看出拼接的痕迹，这就违背了新闻报道的基本原则。同样，《大庆晚报》摄影记者刘为强为了获得最佳的画面效果，采用合成手法拍摄的作品《青藏铁路为野生动物开辟生命通道》也被取消了中央电视台"影响 2006 年度新闻图片"铜奖。这幅作品违背了藏羚羊的自然活动规律，将通过的列车与藏羚羊拼合在一个画面之中，虽然作者希望表达一种人与动物的和谐共存，但它明显违背了生物常识。不管是为了经济利益还是宣传目的，这种影像篡改行为本身都是一种对受众的愚弄和蔑视，以一种自认为高明的手法来戏弄观众，而最终的结果却是自食恶果。

数字技术使得影像的篡改日益简单，也许还有不少经过篡改的新闻照片没有被识别出来，但是作为新闻摄影师，尊重事实、尊重现场是他们基本的职业道德和个人修养，摄影师的自律显得尤为重要，它是避免影像"失真"的内在的、根本的要素。当然作为记者，他们也需要为自己的行为负责，世界各国媒体对于已经查证的虚假照片的作者都给予严厉的处罚，这是一种外在的监督与约束。2013年 5 月中国摄影家协会和中国新闻摄影学会联合制定了《新闻纪

实类数字照片技术规范》（见附录二），这是我国第一部具有详细
条目的技术性规范，为新闻摄影师提供了明确的职业参考标准。
由于新闻报道中"失真"的影像更具隐蔽性，要察觉它们必须具
有丰富的视觉经验，同时还要佐以大量的相关影像和文字来加以
印证。对于非专业人员的广大受众来说，识别"失真"照片仍然
有着一定的难度，但是很多篡改照片最先都是被他们发现并质疑
的。由此可见，只要保持这种追求真相的态度，受众就是最具约
束效力的一股强大力量。

"真、善、美"是人类所共有的精神追求。虽然数字技术使得影
像的修改越发容易且隐蔽，但只要人们秉承着对"真、善、美"的
不懈追求，影像的"失真"便失去了生发的土壤。

第五节　影像版权的失控

1842 年，查尔斯·狄更斯来北美参加读者见面会。当时美国出
版了成千上万本影印版的狄更斯作品——包括《博兹札记》《尼古
拉斯·尼克贝》《匹克威克外传》《雾都孤儿》。但狄更斯"没有从
中得到一分钱"，因为在当时的英国和美国，都没有针对创造性劳动
的著作权保护。美国出版商影印英国图书不需要支付任何版税。①

---

① 安德鲁·基恩. 网民的狂欢——关于互联网弊端的反思 [M]. 丁德良，译. 海南：南海出版公司，2010：113.

　　2014 年 3 月，世界最大的图片社盖蒂（Gettyimages）宣布将其巨大的图片库免费开放，数百万张图片将免费提供给博客和社交媒体网站免费使用，这其中既包括了玛丽莲·梦露的照片，也包括美国总统奥巴马的照片。盖蒂图片社表示之所以如此是因为他们意识到大量图片在未经授权情况下被别人使用，而且使用者也不说明图片的来源。

　　作为积极呼吁实施著作权保护的先驱之一，面对如今互联网时代泛滥的盗版现象，狄更斯又会做何感叹！如今的盗版已经不再仅仅局限于文学作品，任何在互联网上传播的信息，包括影视作品、摄影作品、音乐作品……都会被网民们无限地转载下去，而这一切不需要包括作者在内的任何人的允许。

　　虽然互联网创建之初是用于科学研究的数据共享服务，但它已经为人们勾画出了一个信息共享的伊甸园，在这个虚拟的空间内任何连接它的用户都可以将自己的信息发布其上，而同时他也享有免费使用其上任何信息的权利。这种信息共享模式建立的基础在于使用者都能够提供高品质的信息，这也是为何它最早应用于研究所和高等院校这些科研单位的原因。对于早期的互联网用户，只需要支付网络运营的费用，就可以在互联网上查找自己所需要的内容。这种模式逐步让用户养成了一种将互联网上的信息视为公共财产的思维方式，他们认为这些信息都是没有所有权的，可以任意地复制和发布。随着数字化进程的深入，包括文学作品、摄影作品和电影作品等被大量上传到互联网进行传播与流通。这些拥有所有权的作品一旦进入互联网世界就面临着侵权的威胁，广大用户仍然保持"视网上信息为公共财产"的固定思维习惯。而一些媒体和网络专家的鼓吹与宣传则起到推波助澜的作用，例如美国《连线》杂志的凯文·凯利就鼓吹其"通用图书馆"（Universal Book）的概念，"数字化技术和无限复制的文本将不可避免地使持续了几百年的著作权保护成为过去时，我们将无法继续保护知识产权不受侵犯，所有文本都将免费获得"①。他希望通过数字化将所有的书籍变成开放源代码的超级文本，并通过互联网让人们免费使用，这就废除作家和出版商所拥有的知识产权。这种情况随后延伸到音乐、摄影和电影领域。

其实，版权保护并不是一开始就伴随着人类的创作活动而诞生的，它是在人们掌握大规模复制技术之后才出现。随着印刷技术的出现，图书生产成本降低而且可以成为商品，能够为印刷商或者作者带来收益，与此同时，大量的复制与传播使得印刷商或者作者无法像控制手抄本那样控制、管领自己的无形财产权，从而产生了给予特殊保护的需要。② 版权法保护的对象是作品，也就是作者所具有的复制权或者授权他人复制其作品的权利。自始至终，复制作品的权利都是影响出版行业的决定性因素，复制权也因此成为版权法的基础，不管是在大陆法系还是英美法系都是如此。③ 随着技术的

---

① 安德鲁·基恩. 网民的狂欢——关于互联网弊端的反思［M］. 丁德良，译. 海南：南海出版公司，2010：114.

② 吴汉东. 著作权合理使用制度研究［M］. 北京：中国政法大学出版社，1996：63.

③ 费尔南多·萨帕塔·洛佩兹. 数字环境下的复制权，发布合同和保护措施［S］. 联合国教科文组织版权公告，2002，XXXVI（3）.

进步，人们对于作品复制的成本大大降低，而复制品的质量却越来越高，这一趋势在进入数字时代后达到了极致——数字技术所具有的无限复制性使得用户只需要通过"复制"和"粘贴"命令就可以轻松为一件作品制作出一模一样的数字副本。版权保护在数字时代面临前所未有的困难，特别是互联网进入 Web 2.0 之后，人们对它的使用已经由之前的浏览模式走向了互动模式，任何人可以将自己所欣赏的作品复制下来，经过肢解和拼接重新作为自己的新信息发布出去，而完全不会考虑到原作品作者和创作人员所付出的智力与辛勤劳动。Web 2.0 技术使所有权的概念更加模糊不清，也造成了整整一代人普遍从事盗版和侵权行为，他们完全无视别人的知识产权。① 人们对"复制"和"粘贴"已经越来越习以为常了。

就我国的实际情况来考察，不可否认的一个事实是：互联网上所提供的大量影像信息，包括一些盗版影像在最初的一段时间内确实起到了一定的积极作用，它们在很大程度上提高了我国民众的影像鉴赏能力和欣赏品位。以摄影为例，由于各方面的原因，我国 20 世纪 90 年代中期以前，人们阅读摄影作品的主要途径来源于报纸、杂志和图书，但是技术和观念上的局限使得这些作品从数量上到质量上与国外同期相比有着很大的差距，广大民众的影像阅读较为贫乏，影像的鉴赏能力也相对较为薄弱。90 年代中后期，彩色桌面出

---

① 安德鲁·基恩. 网民的狂欢——关于互联网弊端的反思 [M]. 丁德良，译. 海南：南海出版公司，2010：140－141.

版业与互联网在我国几乎同时起步发展，在 2003 年之前由于互联网个人用户数量尚处于发展阶段，占有资源优势的出版媒体成为影像传播的主导力量。在这段时间内，他们通过互联网引进一系列国外摄影师和摄影作品出版发行介绍给国内的读者，开阔了广大受众的视野，使得人们对于影像的认知、理解和鉴赏能力得到了很大的提高。同时，这也极大触动了国内的影像创作者，使得他们在创作中能够借鉴当时国际最新的摄影观念和表现技法。2003 年之后，互联网已经广泛普及个人用户，随着博客、播客、微博等网络平台的出现，互联网成为个人用户展示自己的交互平台。一方面用户的影像阅读不再受到局限，可以通过互联网连接全球，寻找和查看自己所喜爱的摄影师和影像作品；另一方面，转发成为用户互动的典型表现，它可以将自己所喜好的影像发布在博客供他人浏览。大量影像的阅读，伴随着数字相机的普及，越来越多的人加入摄影创作，我国的摄影爱好者呈现出爆发式增长。诸如图虫、POCO、蜂鸟、色影无忌、新摄影等摄影门户网站和摄影社区成为人们展示自己作品的园地。这些摄影领域内的蓬勃发展与互联网影像的广泛传播有着密切的关系。

同样的情况也发生在我国的电影领域。20 世纪 90 年代中后期，我国的电影行业处于最艰难的低潮时期，国产电影不仅数量有限，而且票房惨淡。1992 年中国电影的观众人次下降到 105 亿，比 1991 年下降了 27%，而到了 1999 年观众人次下降到不足 3 亿，即使当时票价已经高达 15～25 元，但票房收入也只有 8.1 亿元，2002 年 9 亿元，2003 年 9.2 亿元。2003 年全国电影观众人次才 7230 万，基本上相当于1992年一天平均的水平。① 而有限的进口影片呈现出强劲的势头，例如1998年好莱坞影片《泰坦尼克号》登陆中国市场，一举拿下3.6亿元人民币的总票房，这一纪录保持了十年。由此可见当时我国的民众对于电影作品所表现出的两极态度。究其原因在于当时我国影片的叙事风格以及表现手法较为陈旧，电影作品的供给不足，明显无法满足广大受众的需求。与此同时，VCD和DVD技术开始在我国广泛普及。由于当时的网络技术并不足以支持高数据量的电影作品的传输，VCD和DVD的流行使得大量电影作品得以进入普通家庭。这些作品中除了部分正规引进出版的电影作品外，很大一部分是通过非法途径盗版的国外和港台影片。2006年6月中国社会科学院世界经济与政治研究所美国经济研究中心的《中国电影盗版对经济的影响研究》指出："据业内人士保守估计，盗版音像制品的市场份额与正版音像制品市场份额的比例大概为9∶1。……中国盗版电影的种类非常丰富，其丰富程度远远超过正版电影，各个国家、各种类型、各个年代的影片都能在盗版市场上找到。"② 如此众多的影片给观众带来了前所未有的视觉经验，不仅风格各异，而且类型众多。盗版影片的流行所带来的积极效应在将近十年之后体现了出来：一方面，这些低价的盗版影片丰富了青年人的业余生活，同时也培养出一批具有观影习惯的潜在观众，随着技术的进步和欣赏水

① 刘军. 管论中国影视产业的发展战略及实现措施［C］//影视产业与中国文化发展战略——第十二届中国金鸡百花电影节学术讨论会论文集. 北京：中国电影出版社，2004：65.
② 中国社会科学院世界经济与政治研究所美国经济研究中心. 中国电影盗版对经济的影响研究［R］. 北京：中国社会科学院，2006：6.

平的提升，这些观众最终走向了影院，成为推动当前中国电影行业高潮的主力；另一方面，盗版的盛行在一定程度上刺激了中国电影行业的改革，同时电影创作人员也通过大量的观摩和学习快速掌握当代电影的表现手法，为中国电影在 2004 年之后的复兴打下了坚实的基础，也促成我国电影类型化发展的方向。借助于互联网，电影创作人员可以第一时间了解到国际电影行业的动态和新的技术发展，这也是当下我国电影制作技术能够达到国际水平的一个重要的保障。总地看来，互联网和盗版影像改变了我国影像领域原本封闭、贫乏的状况，在短期内对于创作者和广大受众都起到一定的积极作用。但这仅仅是我国这个特定情况下的个体表现，同时其负面影响也悄然而至。

随着互联网的发展，盗版之风愈演愈烈。"粗略统计，1995—2004 年期间中国大约收缴盗版电影光盘 3.5 亿张左右，其中 2004 年大约 8500 万张，2003 年大约 6800 万张。……"[1] 特别是 2006 年之后，我国的互联网网速得到快速提升，盗版影像作品已经由实体光盘传播转变为互联网在线播放的形式，这种变化所带来的负面结果更为严重，影响也更加深远。大量用户参与到互联网中的信息传播活动，大量的转载已经严重损害了创作者的权益。更为严重的是对于已有作品的篡改活动逐渐成为一种新的潮流，例如，2006 年自由职业者胡戈将 2005 年上映的陈凯歌导演的影片《无

---

① 中国社会科学院世界经济与政治研究所美国经济研究中心. 中国电影盗版对经济的影响研究 [R]. 北京：中国社会科学院，2006：6.

极》中的电影画面，与中央电视台社会与法制频道栏目《中国法制报道》中的镜头进行重新剪辑，配上改编的对白，制作出一部新的短片《一个馒头引发的血案》在网络上发布，获得网民的极大热捧。这种行为完全无视电影创作者所付出的艰辛劳动，它的成功是建立在别人的智慧与汗水的结晶之上的。而这种类似的篡改、肢解行为在互联网上比比皆是。盗取智力成果——粘贴、再创作、肢解、借用和复制等行为——成为网络上最普遍的活动，它重塑和扭曲了我们的文化和价值观念。① 这种行为在年青一代人眼中则被视为正常现象。盗版行为直接损害了创作者应得的经济收益，这些作品是他们经济收入的主要来源，也是维系下一个作品的物质基础，版权的失控使得他们常常在经济上难以为继，又如何能够在将来创作出新的更好的作品呢！另外，大量的复制行为更直接导致了人们惰性的膨胀，越来越多的人不愿意进行自己的思考和创作，更多依赖于互联网上已有的作品，希望通过复制、修改和编辑后再以自己作品的名义传播，并美其名曰"二次创作"。这种惰性的表现随处可见，看看各摄影社区、论坛上发布的照片，很多都是直接形式上的照搬照抄，缺乏作者自己独到的见解与思考。香港大学新闻及传媒研究中心助理教授傅景华（Fu King - wa）进行的一项针对新浪微博用户的研究表明，大约有 1040 万用户创造了新浪微博平台上 93.8% 的信息，占活跃用户的 5%，剩下约

---

① 安德鲁·基恩. 网民的狂欢——关于互联网弊端的反思［M］. 丁德良，译. 海南：南海出版公司，2010：140.

1.983 亿个用户大多数时候仅转发这些信息而不发布原创。而这一切正是"复制"模式所带来的后果。实际上，所有私自占有别人成果的行为——包括音乐文件共享、下载电影和视频、将别人的文章据为己有——不仅是非法的，而且是不道德的。人们对这些行为的默许和接受将威胁到我们社会的文化基石——作家、记者、科学家、艺术家、作曲家、音乐家和电影制片人等的辛勤劳动、创新和知识成就。① 从长远角度看，版权的失控将威胁到我国社会文化今后的发展走向，它将影响到人们的思考能力和创造能力，特别是青年一代。

鼓吹"通用图书馆"的凯文·凯利认为，将来作者的收入不是从售书中得来，而是来自"创作者的权利、个性化、附加信息、广告价值、赞助、订阅收入——简而言之，就是那些不能复制的权利或价值"。② 这种想法看似有着一定的道理，在当前的流行文化中也似乎有所体现。但它本身就是一种本末倒置。到底应该如何保护作者的版权是一个值得深思的问题，盖蒂图片社的做法只是一种尝试：它免费开放庞大的图片库并不是向盗版侵权缴械投降，毕竟在这个数字时代，复制权的争夺始终不利于创作者。盖蒂图片社在免费开放的 3500 万张图片中嵌入专门的代码，用户使用时必须通过盖蒂的播放器才能展示图片，而盖蒂则通过广告获取收

---

① 安德鲁·基恩. 网民的狂欢——关于互联网弊端的反思 [M]. 丁德良，译. 海南：南海出版公司，2010：142.

② 安德鲁·基恩. 网民的狂欢——关于互联网弊端的反思 [M]. 丁德良，译. 海南：南海出版公司，2010：115.

入以支付提供这些图片的摄影师的报酬。而在我国针对文艺作品的版权保护工作也在不断推进之中，例如2008年成立的中国摄影著作权协会，它致力于保护摄影家的合法权益，防止各种对摄影家和摄影作品的侵权行为。

第三章　新的尝试

第一节　影像视觉的拓展

　　1872 年美国铁路大王、加利福尼亚州州长利兰·斯坦福与人打赌，说马在奔跑时有一瞬间四蹄同时离开地面。为了验证这个事实，他找到并雇用英国摄影师爱德华·詹姆斯·麦布里奇（Eadward James Muybridge）为他做科学性的证明。1878 年麦布里奇找到了证明的方法：他将 24 架照相机沿着赛马跑道一字排开，并在跑道中间相等间隔横空设置丝线，丝线的一端连接着照相机的快门。这样赛马在奔跑过程中踢断丝线的同时启动相机快门，拍下赛马奔跑的瞬间照片（图 10）。人类首次通过照片看到了正常视觉所无法察觉的瞬间。

图 10 《奔跑的赛马》
（摄影：爱德华·詹姆斯·麦布里奇 1878 年）

作为人类视觉延伸的摄影在人们感知世界的过程中起着举足轻重的作用，麦布里奇的实验便是最好的证明。借助各种不同光学特性的摄影镜头、不同的曝光时间，人们不断拓展着自己的视觉，从而推动科学技术的进步和观众鉴赏能力的提高。局限于胶片的感光性能和后期繁复的冲洗工艺，在数字相机普及之前，影像的视觉表达更多依赖于前期的拍摄。进入数字摄影时代，不仅前期拍摄设备感光性能有了长足的进步，而且强大后期调整的介入，特别是观看的屏幕化，使得人们的视觉感受获得了革命性的拓展，主要表现在以下两个方面，对现实的虚拟和对视觉极限的超越。

一、现实的虚拟

对于现实的虚拟主要以数字立体摄影、全景摄影和虚拟现实（VR）摄影为代表。

立体照片的拍摄技法在胶片时代就已经比较成熟。1833 年英国科学家查尔斯·惠斯通（Charles Wheatstone）发现了由于人眼观看景物时两只眼睛看到的影像略有不同，从而形成了水平视差，这导致深度幻觉的产生，由此解析了立体视觉的原理。1860 年奥利弗·温德尔·霍尔姆斯（Oliver Wendell Holmes）设计制作出了可以观看立体影像的立体眼镜。摄影术诞生不久便出现了立体摄影术，通过双镜头立体照相机或者两台独立照相机合并成一台立体相机就可以完成立体照片的拍摄。在最初的一段时间内立体照片受到了广泛的喜爱，但是立体照片的观看必须借助采用霍尔姆斯立体镜，这种观看方式的局限造成了立体照片经过短暂的流行后逐渐淡出了摄影领域。之后又经历了分色法（红青补色法）和分光法（偏光片法）等技术革新，但是由于照片属于反射稿，这些新技术都需要通过特定的立体眼镜来进行观看，它们都会降低画面的亮度，影响影调和色彩呈现的效果。虽然在图片摄影领域没有得到青睐，但却以立体电影的方式继续在影像的舞台上出现。究其原因，在全黑环境中佩戴分光偏振眼镜观看立体电影对于画面的影响远远小于静态照片。立体摄影的再次兴起是在数字技术成熟之后，数字摄影的普及使得更多的人可以利用分色法制作立体照片，仅仅使用一台数字相机利用视角的差异在同一地点拍摄两张照片，再通过后期的简单处理便可以制作出立体照片。不同于以往的纸质照片，数字立体照片大都呈现在显示器屏幕上，通过补色立体眼镜观看也能呈现优异的影调和色彩，呈现效果更加接近于电影画面，这也是立体摄影重新风行的一个重要原因。立体电影和立体电视则发展出了采用分时法原理的电子液晶快门立体眼镜，它利用了视觉暂留原理，在屏幕上交替播放左右眼画面，同时电子液晶快门眼镜则交替遮挡观众的左右眼，再通过人脑的运算来获得立体视觉效果。当然，上述技术还都依赖于各种不同类型的立体眼镜，而光栅技术则使得裸眼立体显示设备（裸眼 3D 电视、裸眼 3D 手机）得以面市，2011 年 HTC 公司发布的全球第一款裸眼 3D 手机 G17，它集立体摄影和立体影像播放于一体，人们终于可以甩掉眼镜自由地观看立体影像了。作为模拟人们视觉的摄影，从其诞生伊始摄影师便一直试图通过光影、线条汇聚、大气透视等手法在二维的平面内营造出三维的立体空间，如今立体摄影的回归使得一个更为逼真的虚拟现实空间呈现在人们面前。观众对于立体照片的观看与立体电影有所不同，立体电影更多是追求对现实场景以假乱真的模拟，让观众感到身处影片里的环境之中；而立体照片的观看似乎处于观看雕塑作品和摄影作品之间，它本身营建了一个虚拟现实的场景，这个场景内所有的东西都是固定不动的，这让观众感到似乎是站在一个固定的位置观看富有体感的雕塑作品。但是，场景内的这些对象在质感和形态上却是完全不同于坚硬的雕塑作品，都是生活的一个个活生生的个体形象，但却保持着一瞬间的姿态。正是这种"熟悉"与"疏离"的意味的结合使得立体照片产生出一种奇特的视觉感受，它可以让观众在身临其境中感受到画面所蕴含的特别韵味。这也是数字立体照片不同于其他影像的重要特征，这种兼具空间营造和瞬间凝固的特性使得立体摄影成为摄影师主观表达的一个重要的手段。例如《观》这张作品（图11）就是利用立体摄影手段拍摄，并通过后期手段将故宫场景制作成陈旧的非立体影像，而保持当下游客等为彩色立体影像，以此表达出无论现代人如何观看曾经的历史，它都将是扁平的。而组照《京城百年》（图12）同样采用立体摄影表现北京，不同的是作者将历史上的北京典型场景的立体照片与当下同一地点拍摄的立体照片进行并置，同时去除了当代照片的颜色特征，从而使观众在比较与感受中体会出沧海桑田般的历史巨变。

图11 《观》（摄影：吴毅）

图12 《京城百年》（摄影：史方舟）

　　"全景"（Panorama）一词本来出自希腊语，是指各种宽视野的物理空间，这在世界范围内都有很典型的事例。我国北宋画家张择端所绘制的《清明上河图》便是一幅全景绘画，它生动记录下中国12世纪的城市生活面貌以及生活期间的各色人等。在西方国家，爱尔兰画家罗伯特·巴克（Robert Barker）第一个打出"全景"旗号。他的全景绘画于1792年在伦敦的一个圆柱形画馆里展出，引起了不小的轰动。① 全景摄影在胶片时代就已经出现，不过局限于展示方式更多应用于大型团体留念照和一些风景摄影作品的拍摄。从观看方式上看，全景摄影是对人们观看视线水平方向运动的一种模拟，它提供了足够宽广的空间以便于人们视线的游走。另外，如果我们仔细比较东西方全景绘画便会发现它们有着细微的差异：我国的绘画作品采用的是卷轴装，在观看类似于《清明上河图》这样的作品时并不是将作品悬挂起来观看，而是一边铺展一边观看，同时一边收起。因此，观赏者仍然是以固定的视点观看画面的局部，这类似于我们乘坐汽车时观看窗外的景物，加上中国画散点透视的特征形成了自己独特的风格。西方全景绘画则更多将作品悬挂在一个空间内展示，观众一旦进入这个空间便可以看到全部的场景，这就需要整个全景画面符合西方绘画的灭点透视规则，观众在欣赏画面细部时一边游走一边观看。在胶片时代，全景摄影的视角相对有限，一般常见的方法是采用宽高比2∶1以上比例的宽幅相机拍摄，例如617

---

① 黄秋儒. 全景摄影技术初探——从全景绘画到全息三维立体影像［J］. 苏州教育学院学报，2011，（10）：68－69.

规格的相机；也有为大型团体留念照设计的狭缝镜头式全景相机，常见的镜头旋转式全景相机（俗称"摇头机"）便是其中一种，它的视角可以达到135°~140°；当然，也有一种可以拍摄360°影像全景相机，例如瑞士生产的"环摄"（Roundshot）转机。不过，局限于特定的全景相机和复杂的放大印像工艺，全景照片的应用范围非常有限，而且过广的视角往往容易造成透视的偏差。数字技术全面解决了上述问题，只要借助全景云台就可以使用一台普通数字相机拍摄多张照片，最后通过后期合成制作出360°视角的全景照片。对于普通用户，如果拍摄视角在180°以内，甚至可以手持拍摄（图13）。众多消费型数字相机，包括手机都提供了类似的全景拍摄功能，并且可以在相机或手机上直接将拍摄的多张照片合成为一张全景照片。同时，大幅面彩色喷墨输出设备也解决了全景照片的输出瓶颈，这使得其应用范围扩展到大型宾馆、商场的宣传与装饰领域。而屏幕化的展示方式更使得全景照片受到普通观众的青睐，当人们手持iPad之类的平板电脑或者手机观看全景照片时，它似乎更趋近于中国传统全景卷轴绘画的观看方式。

图13 手持拍摄的全景照片
（摄影：吴毅）

以 QuickTime VR 为代表的虚拟现实技术则使得人们对于现实场景的模拟达到了极致，它可以让观众通过移动鼠标或触摸屏幕在一个虚拟的空间中随意转换视角，并可以放大和缩小画面，仿佛置身于现实场景之中。与纯粹利用计算机强大的运算能力创作虚拟环境的三维建模技术不同，QuickTime VR 是基于苹果公司开发的 QuickTime 的交互式影片，它的全称是 QuickTime Virtual Reality，是通过数字相机拍摄实际景物之后再由计算机生成的具有交互性的影片，也就是说在 QTVR 影片中看到的所有画面都是实际景物的照片（图14）。

图14 QTVR 虚拟现实场景
（摄影：刘永）

这种技术是在360°全景摄影的基础之上发展出来的，它有效解决了360°全景照片中透视的问题（图15）。这是一种全新的观看方式，既不同于静态的照片，也不同于动态的视频，最鲜明的特点是它可以让观众完全按照自己的主观意志操控所看到的具体影像细节，这是数字技术所带来的一个具有革命性的进步。

图 15　360°全景照片
（摄影：刘永）

作为对现实场景的模拟，谷歌将这种技术应用于其地图服务并命名为"谷歌街景"。它通过专用的街景车拍摄各个城市的 360°街景，并将这些虚拟街景放置于地图服务中，这样用户就能够更快熟悉所要查找街道的样貌了。这种做法随后也在国内的各家地图服务软件如百度地图、高德地图等广泛加以应用。此外，它还在文化遗产保护领域和商业领域得到广泛的应用。以我国敦煌研究院开设的"数字敦煌"网站（https：//www.e-dunhuang.com）为例，它提供了莫高窟中三十个洞窟的全景漫游功能，让观众透过电脑屏幕身临其境地观看洞窟内的壁画。虚拟现实技术不仅仅可以拍摄现场环境，还可以用于特定产品的展示，例如借助 Strata Foto 3D 软件就可以将拍摄下来的产品各个表面的照片生成为一个三维模型文件，模型的表面可以用照片的材质进行贴图，这样就可以得到一个可以任意角度旋转的实物模型了。我们甚至可以在 Photoshop 中给这个模型添加各种不同的光效，并作为广告上载于网页之上，用户浏览网页时就可以像把玩实物一样任意旋转、放大和缩小。……如今，随着 4G 技术的普及，这种虚拟现实技术也已经扩展到手机应用领域，用户通过手机摄像头拍摄景物，将数据上传网络应用到终端，会自动生成虚拟影像让用户任意浏览。由此可见，虚拟现实摄影技术在未来会有更为广阔的应用前景，它将静态摄影的优势发挥到了极致。

二、超越视觉的极限

人们发明摄影术的最根本目的就是以最快的方式获得自己视觉所看到的画面。因此，"即拍即现"和"逼近视觉感知"一直是摄影技术发展进化的主要方向。数字技术不仅解决了成像速度的问题，更超越了一些视觉感知方面的极限。

当下数字相机所具备的感光能力已经得到了前所未有的提升，呈现出超越人类视觉感受的征兆。胶片时代常用感光材料的感光度一般最高在 ISO 800 ~ ISO 1600，因此在暗光条件下只能依赖增加曝光时间来捕捉影像。与人眼的视觉相比，胶片的感光性能远远不足，数字摄影技术不仅弥补了这一不足，而且超越了人们的视觉感知。2003 年数字相机的最高感光度就已经达到了 ISO 1600，这已经追上了常用的感光胶片。数字相机感光度在随后的技术发展中进一步提升，ISO 3200，ISO 6400，ISO 12800。2014 年 2 月尼康公司发布了顶级数字单反相机 D4s，在标准感光度 ISO 25600 的基础上可以扩展到 ISO 409600；4 月索尼公司发布了顶级单电数字相机 A7S，它同样达到了 ISO 409600 的扩展感光度。如此高的感光性能已经超越了人们的视觉感知能力，虽然从实际拍摄的高感光度视频画面来看，颗粒较为粗糙、色彩还原也不甚理想，但是在使用 ISO 409600 时所拍摄的画面已经呈现出了人眼在低照度环境下所无法看到的细节。虽然画面的颗粒较为粗糙、色彩还原也不甚理想。这里比较一下人眼的视觉特性，观看景物时视网膜上有两类感光细胞：锥体细胞和杆体细胞，它们分别在明亮环境和黑暗环境下工作。也就是说，当光线较强时主要由锥体细胞工作，它具有辨色能力和超高的分辨力，因而能够识别出丰富的色彩和细节；当光线较弱时，锥体细胞便不再工作，这时主要由杆体细胞工作，这类细胞只能感受明暗的变化而不能感受色彩信息，同时分辨力也较低。因此在伸手不见五指的夜晚，人们只能依稀辨别景物的轮廓，而无法识别景物的细节，更不要说色彩了。从视频拍摄的角度来说，超高感光度实际上打破了人眼感知能力的极限，对于自然野生动物等极端条件的拍摄有着极其重要的意义，它使得人们可以在极暗的环境中拍摄到动物最本真、最自然的状态。此外，随着感光度的提升，视频拍摄对于照明光源强度的要求也相应降低，这对于降低拍摄成本来说有着重要的意义。当然作为静态影像作品，如此高的感光度所形成的粗糙画面是难以让人接受的。但对于经常使用超长焦镜头的体育摄影和野生动物摄影来说，更高的感光度则有利于摄影师提高快门速度以获得清晰的、难以用肉眼捕捉到的高速运动的瞬间画面。

面对自然界丰富的光色变化，摄影一直试图能够将人们肉眼所看到的全部景物细节记录下来。由于自然界景物的亮度范围非常宽泛，常常超出人们视觉感受能力的极限，更是摄影胶片所无法企及的。如今，高动态范围成像技术的出现使得数字相机能够记录自然景物的亮度范围远远超越胶片，甚至超出了人们视觉感知的能力。其实从摄影术诞生伊始，人们就已经意识照片所能够呈现的影调范围远远比不上绘画作品，因为绘画是基于画家肉眼所观看到的外部世界，然后在经过主观的思考与凝练所创作而成。只要仔细考察西方的风景绘画作品便可以发现它具有宽广的影调范围，不论高光还是阴影都有着丰富的细节。绘画作品掺杂了大量画家的主观意识，虽然它曾经一直试图成为现实的"镜像"，但终究还只是现实的"虚像"。而摄影不同，它必须依赖于现实场景才能获得照片，它毫无疑问是现实的"镜像"，虽然一些时候它的画面并不是那么的"清晰"，但终究仍是一个"模糊的镜像"。为了追赶绘画效果，19世纪中期法国摄影师古斯塔夫·勒·格雷（Gustave Le Gray）率先尝试在拍摄海景画面时分别拍摄天空和海面，之后在暗室制作时将两张负像合成为一张海景照片（图16），这可以看作当代高动态技术的最原始雏形。真正把胶片性能发挥到极致的是美国摄影师安塞尔·亚当斯（Ansel Adams），他终其一生所追求的就是在整个画面的各个影调区域展现出丰富细腻的层次。

图16 古斯塔夫·勒·格雷及其暗室合成海景照片

鉴于银盐感光材料动态范围的局限，安塞尔·亚当斯所采用的区域曝光系统就是将预先想象、前期拍摄和后期冲洗结合在一起，综合加以考虑和处理以获得完美的影调效果。从本质上看，他在拍摄和冲洗过程中所进行的局部加减光处理以及迫冲等手段更像是画家对画作的描绘。高动态范围成像的提出是在20世纪30—40年代，由查尔斯·威科夫（Charles Wyckoff）开发，40年代中期威科夫的高动态范围图片《核爆炸》就刊登在美国《生活》杂志的封面。80年代高动态范围成像技术首次被用于电影工业，随后又被引入游戏制作领域。直到个人计算机性能到达足够的运算能力之后，高动态范围成像技术才进入数字摄影领域。人眼所能识别的明暗亮度差异可以达到50000∶1，而自然界景物的亮度差异远远超出人眼，虽然数字相机的发展一直在不断提高其动态范围，但是直到现在绝大部分全画幅相机的动态范围也仅仅能够达到12级，大约为4000∶1，即使目前最新的Phase IQ4系列中画幅数字后背其动态范围也只达到了

15 级，大约 32000∶1。为了能够在高反差场景下获得足够丰富的影调层次，就必须采用高动态范围成像技术，也称为 HDR 技术。它通过对同一场景多次不同曝光量的拍摄来分别记录各个亮度区域的层次，最后再通过后期软件将这些层次拼合在一起还原实际场景中的丰富影调与细节。其实数字相机自身所能还原的动态范围已经远高于胶片了（负片的动态范围大约为 8 级，约 250∶1），但是在一些特定的场景下还是必须借助于 HDR 技术，它所获得的画面效果已经远超人们的视觉感受能力，让人们看到肉眼所无法看清的细节变化，这是以往所不能想象的。同时，利用这一技术还可以创作出不同艺术风格的作品（图 17），它们细节明确、色彩浓烈，往往较正常拍摄的照片更具视觉冲击力，也更加呈现出超现实的意味。

图 17　风格化的高动态影像（摄影：胡泊）

数字照片是以单个方块像素作为基本单位构成影像的，人眼对于两个像素点能否识别依赖于这两个点和眼睛之间所形成的夹角

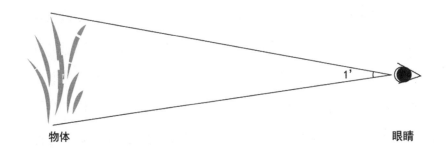

物体　　　　　　　　　　　　　　　　　　眼睛

图 18　视角的极限

（图 18），当这个夹角小于 1' 时人眼便无法分辨它们而把它们视为一个点。因此，当影像的像素数量达到这个极限后，继续增加像素便不再具有实际意义。对于明视距离观看的书报、杂志、照片等（大约 A4 幅面），通常采用 300PPI 的分辨率即可以达到视觉分辨力的极限，也就是只要照片的总像素数达到 800 万像素就可以满足视觉的需要了。虽然几乎目前市面上所有数字相机的总像素数都已经超过 2000 万像素，远远能够满足实际生活的需要，但是像素决定论依然大有市场。究其原因在于屏幕化的表达方式使得人们对于细节的诉求被无限放大——人们可以利用放大功能不断对照片进行放大观看，这种细节的放大不断刺激人们再向前推进，直到最终呈现于屏幕之上的马赛克。此外，超大幅面的输出设备也帮助人们获得更大尺寸的纸质照片，而随着输出幅面的增大，对于像素的要求也不断攀升。如今全画幅数字相机的总像素数已经达到了 4600 万像素，而中画幅数字后背则达到了 1 亿像素，更何况还有采用六次拍摄采样合成 4 亿像素的 Multi–Shot 技术。它们都展现出了超越我们正常视觉所能够感受到的细节的能力，呈现出一种无限逼近现实的超级写实主义特征。"照相写实主义又被称作超级写实主义，它几乎完全以照片作为参照，在画布上客观而清晰地加以在再现。正如克洛斯（Chuck Close）所说：'我的主要目的是把摄影的信息翻译成绘画的信息。'它所达到的惊人的逼真程度，比起照相机来有过之而无不及。"① 超级写实主义绘画作品常常是以放大 5 ~ 10 倍的照片作为参照进行绘制，完成的作品尺幅较大，例如克洛斯 1960 年的作品《人像》的尺幅为 200×180 厘米，画中人物头像顶天立地，包括毛孔等细节纤毫毕现。摄影术表现自然物的力量远远超越了颜料和语言描绘自然物的力量，因此它产生了一种逆反的效果。由于它赋予物体自我成像和"不用句法表述"的手段，所以它也推动了心理世界的描绘。不用句法或不用语言的表述，实际上就是借助姿势、模拟表演和经验整体的表述。② 如今，超高像素数的照片所展现的细节已经远远超出超级写实主义绘画作品，并且它直接取材于现实。这种对现实的关照已经从整体不断向细节深入，甚至呈现出向微观方向发展的倾向。当我们不断放大 Phase IQ180 中画幅数字后背所拍摄的人物照片时（图 19），不仅仅面部所有细节清晰可见，甚至可以通过人物的瞳孔看到摄影师和他所处的环境。作为一种创作手法，这些看似客观的影像潜藏着强烈的主观性，影像中的日常景物在不断放大的过程中会逐渐呈现出不同于它平常为人们所见的样貌，这些不同的样

---

① 王一如. 写实主义的革命——超级写实主义 [J]. 新西部，2012（02 - 03）：144.

② 马歇尔·麦克卢汉. 理解媒介——论人的延伸 [M]. 何道宽，译. 北京：商务印书馆，2000：253.

貌会促使观众重新认识、感受和理解这些日常景物，而这正是创作者所期望的。这种超级写实主义的影像风格虽然依赖于数字相机的性能，但更为关键的是创作者，所选择的拍摄对象决定了作品的成功与否。除却这种影像风格，其实只要像素能够满足需要就可以了，盲目地追求超高像素往往只能带来庞大的数据，这种资源的浪费正是当代人迷失于数字世界的一种重要的表现。

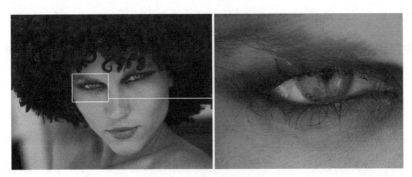

图 19　飞思 IQ180 数字后背拍摄的超高像素影像及其局部

图片素材来自于飞思官网

第二节　超越现实的影像

画家德拉罗什第一次看见一张银版照片时，发出惊叹："从今天起，绘画死亡了！"和他这个短命的惊叹相反，绘画这种令人钦佩的手工媒介继续繁荣。它独辟蹊径，超越了静照使动态世界静止不动的惊人成就。印象派大胆使用断色和速写笔法，有意识地暗示短暂的印象，捕捉和传达光的流逝。到了 19 世纪末的塞尚和修拉，这些印象派的继承人从捕捉幻觉过渡到了创造光线。①

　　摄影术诞生之前，绘画作品一直朝着具象的方向发展——在时空中将物体的一个瞬间、一个侧面呈现给观众，这更加符合人们的视觉感知习惯。它就像一面镜子照射出画家眼中、心中的事物。达·芬奇曾经说："画家的心灵亦应该像一面镜子，它的颜色应同它反映事物的颜色一致，并且，它面前有多少东西，它就应该反映出多少形象……"② 当能够快速、逼真描摹客观对象的摄影术诞生，便彻底打破了绘画对于现实具象描摹的唯一性，并且它更加机械，可以做到与实际景物丝毫不差——它就是现实的镜像，这也是为何德拉罗什惊叹绘画死亡的原因。当然，绘画不会死亡，面对在"具象呈现"和"瞬间把握"上具有绝对优势的摄影，绘画转向了对画家内心世界的表达，这也是一种真实状态的表达。它不再是对事物的割裂与分离，而是从时间和空间累积的角度来重新观看事物。就像毕加索的画作《梯子上的农妇》那样，所展现的形象并不是我们所熟悉的日常生活中人物的形象，但它却是各个日常形象杂糅在一起的集合体。通过拼音文字延伸的视觉，培植了分析的习惯，它只能感知到形态力量中的一个侧面。视觉的力量使我们能把时空中一个事件单独地分离出来，具象派艺术就是这样做的。从视觉上表现人和物时，要将该人该物的一种状态、一个时刻、一个侧面分离出来，从众多为人感知到的状态，时刻和侧面中分离出来。与之对比，

---

① 保罗·莱文森. 数字麦克卢汉——信息化新纪元指南 [M]. 何道宽，译. 北京：社会科学文献出版社，2001：144 – 145.
② 爱德华·麦柯迪. 利奥纳多·达·芬奇笔记 [M]. 1906：163.

图像艺术（iconographic art）与我们用手一样的用眼，以求创造一种宽泛的形象，由许多时刻、状态和侧面构成的形象。因此，图像型艺术并不是视觉具象（visual presentation），也不是一个视点决定的专门化的视觉偏向。① 绘画自摄影之后走向了内心的关照与表达。

人们常说摄影是一种"减法"，不同于绘画那样在白纸上绘制作品的"加法"，它是对现实场景的框取来结构画面，从本质上说是对现实生活的剪裁。那么作为擅长于"具象呈现"和"瞬间把握"摄影，有没有可能性像绘画那样进行内心的关照与表达呢？不论胶片摄影时代还是数字摄影时代，很多摄影师都试图从"时间"和"空间"这两个要素突破，以获得不同于常见具象形态的影像，进而表达摄影师的内心感悟。

一、时间的探索

电影理论家巴赞在论述摄影影像本体论时，曾这样写道：如果用精神分析法研究造型艺术，就可以把涂防腐香料殓藏尸体看成是造型艺术产生的基本因素。精神分析法追溯绘画与雕刻的起源时，大概会找到木乃伊情意结。古代埃及宗教宣扬以生抗死，它认为，肉体不腐则生命犹存。因此，这种宗教迎合了人类的心理的基本要求——与时间相抗衡。因为死亡无非是时间赢得了胜利。人为地把

---

① 马歇尔·麦克卢汉. 理解媒介——论人的延伸 ［M］. 何道宽，译. 北京：商务印书馆，2000：412-413.

人体外形保存下来就意味着从时间的长河中攫住生灵，使其永生。①
在摄影术诞生的一个世纪之前，人们就已经发现卤化银等化学物质
具有感光特性。1802 年戴维·亨弗利在英国科学研究所的期刊上发
表了一篇文章，其中记录了他与汤姆·维吉伍德做过的一个实验，
他们将一张树叶放置在浸湿了的一张皮革上试图制作接触印像照片，
在曝光后看到了逐渐显现的影像，不过由于无法将其固定下来最终
影像不断黑化直至消失。这与人们所面对的现实状况正好相互印证，
它通过一个短暂的过程实实在在地表明了样貌会随着时间的流逝而
腐朽并最终消亡。摄影术的发明拯救了形象，从而避免其在时间中
的必然的腐朽。为了更为精致而准确地表现这种最美好的样貌，不
断提高胶片和数字图像传感器的感光性能以及相机的快门速度一直
是摄影技术发展的重要方向。人们可以在快门开启闭合的短短一瞬
间精确刻画对象的外貌，并将它永久地保存下来。

　　然而对极短瞬间的追求只是对时间表达的一个维度，如果我们
重新解读历史上最早的一些照片，便会对时间的表达有着另一种不
同维度的思考。1827 年法国人尼埃普斯拍摄了人类历史上第一张实
景照片《窗》（图 20），他采用照相暗盒和朱迪亚沥青，历时 8 个小
时的曝光获得了这张模糊不清的静态影像。

---

① 安德烈·巴赞. 摄影影像的本体论［M］//电影是什么. 南京：江苏教育出版
　社，2005：1.

图20　尼埃普斯和第一张实景照片《窗》1827 年

　　从照片中我们可以发现院子两边的墙壁都呈现出同样明亮的效果，这与我们的日常生活经验完全不同，通常情况下我们看到的景物都呈现出唯一的照明光源效果，也就是太阳照射下的景物都有着唯一的阴影。究其原因，正是 8 个小时的曝光过程中，太阳的位置已经发生了极大的改变。照片中这些不同于日常经验的画面效果恰恰表达出了时间流逝的意味。日本摄影师杉本博司的《影院》系列作品也恰恰利用了这一点来表达时间的观念。"一个晚上，当我在美国自然历史博物馆拍照片的时候，忽然有一个想法，我问我自己，如果把一整部电影在一张照片上拍摄出来会是什么样？我心里回答说，你会得到一张发光的帆布。为了能实现这个想法，我马上开始实验。一个下午我带着一架大画幅相机来到东部一个很便宜的电影院，电影一开始，我就打开大光圈按下快门。两个小时后电影结束时我闭上光圈并在当天晚上把这张底片冲洗出来，我想象中的画面猛地呈现在我眼前。"整组作品中每张照片的画面中心都是一块矩形银幕，这块银幕在电影放映的时间段内承载者每一个放映瞬间的影像画面，最终在照片上显现出的是一部完整电影放映后所留下的痕迹，这些瞬间影像的累积最终幻化为一片白色，而这正是时间流逝的见证。同样，苏格兰摄影师加文（Gavin）也利用长时间曝光这一手法来拍摄他的作品《抽象的风景》。在他的作品中，礁石就像悬浮在空中一样，呈现出一种超现实主义倾向。随着时间的流逝，我们不再能够观看到海浪与云彩的清晰细节，它们的运动最终累积为一片纯净的影调，只有天空灰色影调的模糊变化似乎透漏出一丝时间的痕迹。

除了利用长时间曝光来记录时间的流逝外，多次曝光和频闪摄影技术都曾在胶片时代被用于尝试表现时间的含义。多次曝光技术是在一张底片上进行数次曝光，从而在画面上形成各次曝光画面叠加的效果，它其实是暗室合成放大的替代方式，在胶片时代广为使用。数字摄影由于后期合成制作相对方便，因而它最初并没有被设计在数字相机上，直到后来才被一些厂商选用。美国体育摄影师Mike Blake 早在 1996 年亚特兰大奥运会上就采用多次曝光的手法在一张照片中表现出美国体操运动员比赛过程中的数个精彩瞬间。2012 年的伦敦奥运会上，它又一次利用佳能 EOS 1DX 数字单反相机的多次曝光功能将运动员的精彩瞬间记录在一张照片上，不过这一次基于 EOS 1DX 的高速连拍功能，它将很短时间内的数个瞬间集中在了一起。其实多次曝光的运用不仅仅可以累积时间，它更可以进行时空的交叠。频闪摄影最初被设计用来纪录物体运动的连续过程，它是在全黑环境下利用闪光灯按照一定频率闪光从而在一张照片上纪录下物体运动的完整过程。美国摄影师哈罗德·埃杰顿就利用这项技术拍摄了诸如《挥动高尔夫球杆》等一系列记录物体运动过程等作品。从呈现效果上看，这两种表现方式有着相似的特性，它们都是将一个对象完整动作中的代表性瞬间抓取下来并集中在一个画面中，这与长时间曝光对于时间的表现有着明显的区别。长时间曝光更像是对"面"的表现，而多次曝光和频闪摄影则更像是对"面"当中的数个"线"的表现，最终达到以线带面的效果。

数字摄影在上述探索的基础上又呈现出新的发展与变革，基于后期合成制作技术，它可以用更多的时间点来还原或建构一个时间流，这便是数字间隔摄影。严格意义上来看，间隔摄影来源于电影摄影技术中的降格摄影。电影实际就是将已经拍摄下来的静态形象重新插入时间的序列中，它的"动"是一种幻觉，一系列被捕捉下来的静照随着放映机的运转便在观众中呈现出了运动，也就有了属于它自己的时间。这种幻觉来源于人们视觉的暂留现象，当每秒钟拍摄 24 格画面同时也以此速度放映时我们的视觉便会感觉到它似乎就是现实生活中的各种运动了。对于一些运动极其缓慢的对象，例如云彩的流动、花卉的开放等过程，人们的视觉难以察觉到它们的运动，除非经过较长的时间间隔。在电影摄影中常常采用降低每秒钟拍摄画格数的方式来拍摄它们，再以正常的速度播放，这样它们的运动就被大大提速，我们的视觉就能够感知它们的运动了。这里的时间已经被浓缩了，它不同于生活中人们对时间的实际感受。对于电影摄影来说，降格摄影的极致就是停机再拍，这与间隔摄影非常相似。而数字视频技术的发展使得很多电影摄影的降格手法可以在后期制作时通过提速的方式模拟出来，这就需要进行长时间地不停机拍摄，这种手法也被称为缩时摄影、延时摄影。数字间隔摄影可以定义为采用数字相机按照一定的时间间隔来完整拍摄一个对象或事物发展全部过程的摄影技术，它不仅仅可以运用于电影或视频作品的表达，更可以作为静态摄影作品呈现给观众。

　　胶片时代间隔摄影对于静态照片的表达几乎没有意义，因为如此众多的时间点无法呈现在一张照片之中，时间点过度叠加的结果便是杉本博司《影院》作品中幻化为一片白色的银幕。间隔摄影仅仅只有在具有时间表达功能的电影中才有存在的意义，但是作为工业化操作的电影是不可能像图片摄影那样去精确控制每一张画面的影像品质。进入数字时代，一切发生了改变。数字图像合成软件解决了上述所有问题，我们可以通过它将上百张静态照片合成为一张摄影作品。摄影师刘中的《时间的风景》系列作品就从间隔拍摄的大量照片中精心挑选出数百张，通过后期软件的叠加形成类似油画效果的精彩画面（图21）。由于采用固定机位拍摄，在合成后的景物中固定不动的物体仍然保留其自身的形象，而那些运动的对象则由于间隔时间内的运动而产生位移，这些微量的位移就形成了彩色

图21　《时间的风景》系列
（摄影：刘中）

点状纹理效果。它与印象派作品的断色绘画技法所呈现的画面效果不谋而合。这似乎恰好印证了印象派绘画作品和间隔摄影作品对于时间流逝所造成的光色变化的观察与表达之间的一致性。印象派崇尚在阳光下直接描绘景物，以瞬间所感受到的光线效果的印象来进行创作，从而表达景物在光线下微妙的色彩变化。这种创作思维与手法同间隔摄影有着异曲同工之妙，它类似于数学领域的微积分，先通过间隔拍摄来对时间流进行微分的处理，然后再对这些时间点进行积分方式的叠加处理，进而模拟和还原出这段时间流。虽然最终得到的时间流与实际的时间流并不相同，但它可以无限地趋近于现实。并且这个重构的时间流并不像胶片时代那样一片苍白，我们可以通过它看到时间真正走过的细微痕迹。这种累积所重建的时间流呈现出了作者对于瞬间与永恒、时间与空间的深刻思考。当然，从原理上看间隔摄影与多次曝光和频闪摄影有些许相似之处，但根本性的区别则在于照片数量上的巨大差别。这就像一张 10 万像素照片与 8000 万像素照片之间的区别，量变最终导致的是质变。当然，数字间隔摄影也可以延续电影的表现方式，利用动态视频来建构一段被浓缩的时间，不过它比胶片时代的降格画面呈现出更加完美的画面。

如果在数字间隔摄影的过程中进行类似于电影摄影中的推、拉、摇、移式的镜头运动（图 22），那么对于影像的探索就不再仅仅局限于时间了，它同时还蕴含着对空间转换的表达。

图22 《时间的风景》系列作品之 05m04

（摄影：刘中）

二、超越时空

"把图像作为有机的整体来理解，而不是作为独立的各个局部的集合体。"① 这是格式塔心理学派的观点，它意味着人们在观看的过程中更多的是看到一个事件的整体，而不是构成它的各个局部。依据格式塔原理，将空间解构后重新组接在一起是最为常见的表达方式。早在胶片时代，美籍英国画家、摄影家大卫·霍克尼就利用拼贴的手法将现实的各个局部空间拼接成一个新的空间。拼贴可以说是对空间探索的最为简单、直接的手法，如今很多摄影师都直接利用它。摄影师 Danimantis 的系列作品《换个角度看世界》就是一个很好的例子，他分别拍摄了人物的三个局部，然后将它们组接在一

---

① 莱斯利·施特勒贝尔，霍利斯·托德，理查德·D. 扎基亚. 摄影师的视觉感受
[M]. 陈建中，纪伟国，译. 北京：中国摄影出版社，1998：156.

起。而根据格式塔心理学，"视场中两个或两个以上的物体能否看作一个有机整体的局部，要看这些物体在视觉上的相互关系如何而定。在研究这些关系的过程中，格式塔研究人员确立了许多原则，称为格式塔法则，其中摄影者特别感兴趣的是形象与环境、接近性、相似性、对称性、连续性、合拢性、共同归结和同型性"①。这三个部分恰好让观众建立一个新的完整形象——"小矮人"，这种对人们所熟悉的形象的空间重构产生了出人意料的效果。

亚里斯多德认为："现在是时间的一个环结，连接着过去的时间与将来的时间，它又是时间的一个限：将来时间的开始，过去时间的总结。"② "时间因现在而得以连续，也因现在而得以划分。"③ 在人们的意识中时间是独立于人们主观意识的自然存在，它处于一个流动的链条中，过去、现在、未来是天然被规定的次序，不可更改、不可逆转、也不可重复。作为现实世界的第四个维度，当三维空间发生变化时，时间也一并同时发生着变化，不论我们是否能够察觉。因此，摄影作品对于空间的探索常常伴随着时间的流逝。英国摄影师 Noel Myles 历经十五年使用黑白胶片和彩色胶片拍摄了英格兰东部农村的树木，之后对这些底片进行扫描转换为数字文件，再将这些照片文件重新进行拼贴完成了作品《树木马赛克》。虽然 Noel Myles 的作品在形式上似乎与 Danimantis 的作品相似，但是它的内涵

---

① 莱斯利·施特勒贝尔，霍利斯·托德，理查德·D. 扎基亚. 摄影师的视觉感受 [M]. 陈建中，纪伟国，译. 北京：中国摄影出版社，1998：156.

② 亚里斯多德. 物理学 [M]. 张竹明，译. 北京：商务印书馆，1982：132.

③ 亚里斯多德. 物理学 [M]. 张竹明，译. 北京：商务印书馆，1982：127.

已经发生了改变。Danimantis 对于人物的拍摄都是在一个相对较短的时间内完成的，他的出发点并没有把时间因素考虑在内，更重要的是要表达对于空间形象的切割与重组。而 Noel Myles 不仅在空间上进行了组接，更在时间上进行了融合，他作品中树木的形象并不是一个特定的对象，而是这一类对象的融合体。Noel Myles 希望通过他的画面来表达对于共性与个性之间关系的认识。而只有经历了时间和空间上考验，才能把握住生命的内核。

摄影按动快门的过程是对某一个空间内的某一个瞬间进行截取的过程，而通过后期的合成技术，则可以将不同时空的画面重新组接起来。如今的数字合成技术其实是胶片时代暗室合成技术的延续与发展，强大的抠像能力和丰富的图层混合与编辑功能使得数字摄影再造现实的能力达到空前的地步，这样摄影师能够更深入地对时空观念进行探索与思考。美国摄影师 Tom Hussey 的《时光之镜》系列作品便是对人生思考的表达，画面中处于现实空间的老年人物与镜子中虚拟空间内的年轻人之间产生了强烈的对比与冲撞。按照人们的常识，镜子是对现实的忠实写照，现实世界是怎样的，镜子里所呈现的则是一一对应、毫无二致的样貌。但是作者却巧妙地利用了镜子，将画面主人公年轻时的样貌用镜像呈现出来，逝去年华的青春样貌与现实环境下的苍老面孔之间形成强烈的视觉冲击不禁让观众唏嘘，也更体现出时间的意义。这种观念性的思索与表达也只有借助数字技术才能实现，它给予摄影师更大的创作空间。如今，摄影师更像是魔术师，他们将现实世界拍摄的各种对象作为道具组合到一个虚拟的空间中，从而创作出一个超现实的魔幻空间。

　　在数字合成技术的帮助下，摄影师的想象力得到了空前的解放，他不用再拘泥于现实世界的各种法则，完全可以突破各种束缚来构建一个超现实主义的世界。从这个意义上看，数字合成摄影已经逐渐脱离摄影的"记录"本质走向了绘画，摄影师利用数字相机将各种生活中的对象拍摄下来，把它们作为绘画中的线条、色彩，再进行重新地组合与拼接，来构建完全属于摄影师内心关照的世界。意大利摄影师 Jaroslav Wieczorkiewicz 在伦敦的 AurumLight 工作室拍摄了一组重现 20 世纪 40 年代 "Pinup Poster" 海报女郎风格的 2014 年年历作品。摄影师和他的团队根据设计草图利用高速摄影技术拍摄了一系列牛奶泼洒在模特身上的照片素材，然后通过数字合成技术将这些泼洒的牛奶制作成模特身上的礼服。这是一项远远超越常规思维的创意工作，它将现实生活中完全不可能发生的事情呈现为实实在在的影像。而为了制作一张这样的照片，摄影师和他的团队付出了艰辛的努力，每一张海报作品至少都拍摄了 200 张以上不同形态的泼洒牛奶的素材照片，然后再通过后期精致细微的调整合成完成最终的作品。

　　"成像后合成"理论是美国摄影师杰里·尤斯曼提出的一种创作思路，它完全不同于之前所探讨的创作方法。传统摄影师的思维方式是在按动快门前通过"预先想象"来勾勒出所拍摄场景的画面呈现效果，然后通过各种摄影技术手段来将这个预想目标实现。尤斯曼在后期暗室制作的过程中发现了各种不同的图像叠加合成方法，进行提出"成像后合成"理论，他的"预先想象"过程并不是在按动快门前就进行的，而是将这一过程放到了暗室阶段，在面对各种已经拍摄完成的底片时，根据个人主观的感受和经验来自由组合这些底片从而产生出新的含义，这样摄影师在拍摄时就不必考虑照片的用途了。而他的作品也表现出强烈的时空交错与逻辑的突破，岩石上长出了翅膀、眼睛嵌入岩石、裸体的女人躺在海面之上……所有这一切既让人迷惑，又有着无比的吸引力，它仿佛带着观众走进了一个充满无限想象力与创造力的梦境之中。这种创作形式特别适合伴随着数字相机成长的一代，他们没有接触过传统的胶片摄影，也没有"预先想象"的实践体验，他们所经历的就是一个"即拍即现"的过程。拍摄后立即回放是他们的习惯，因此很难要求他们在拍摄阶段能够发挥自己的想象力，但是后期的合成技术可以让他们实现自己的创意与梦想，当然这也是以大量的实践为基础的。

其实很多摄影师也在创作实践中不自觉地采用"成像后合成"这种方法。西班牙摄影师 Pep Ventosa 的系列作品《抽象地标》便是对同一地标建筑物不同角度、不同时间的观察和拍摄，最后通过合期手段将其拼合得到的作品。也许摄影师自身并没有意识到，这组作品的创作思路可以说是间隔摄影的延伸与拓展，通过更长的时间跨度来获得不同典型瞬间的光色效果，同时在拍摄位置也做了大胆的突破，从不同的角度、不同的侧面对人们所熟悉的地标建筑物进行拍摄。当然，在拍摄时作为摄影师很难准确知道把这些不同侧面、不同光色的影像叠加起来的最终效果是怎样，但是当一切经过实践后便呈现出了我们眼中所看到的模糊与混沌。埃菲尔铁塔、伦敦桥、科隆大教堂、悉尼歌剧院这些为人们所熟悉的典型形象在时空的交叠中逐渐远去，仅仅留下依稀可以辨认的线条与色彩。它放弃了从透视角度在二维平面上建立三维的空间幻觉，而从整体的、全面的角度来对时间和空间进行审视，将表面的、容易腐朽而消亡的躯壳去除，将真正能够打动人们心灵的内在精神呈现于画面之上，这是真正意义上时空的超越。这种超越其实体现出摄影又一次向画意的回归，不同的是这次回归直指关照内心的现代绘画。

摄影一直以对现实时空的精确描摹见长，数字技术打破了单一时空对摄影的限制，让人们从更为宏观的角度来看待世界，人们可以像绘画那样用数字摄超越时空，关照和表达自己的内心。

第三节 日常化的影像

2000 年 9 月，日本夏普公司联合日本移动运营商 J－PHONE 推出了全球第一款具有拍照功能的手机 J－SH04，它仅仅具有 11 万像素的 CCD 摄像头。虽然这款手机开创了手机拍照的先河，但是局限于当时人们对数字摄影的保守认知，它并没有引起人们的重视。

十年之后，一切发生了根本的改变。根据 HighTabe.com 网站 2012 年制作的有关手机摄影的图表数据显示：1990 年全球共产生的 570 亿张照片全部为胶片拍摄，2000 年全球产生的 860 亿张照片中 99% 来自胶片，而 2011 年全球共产生了 3800 亿张照片，其中来自胶片的仅仅占 1.05%；而在美国 2011 年数字傻瓜相机拍摄的照片占到 44%，比 2010 年下降 8 个百分点，而手机拍摄的比例则由 2010 年的 17% 上升为 2011 年的 27%。在 2011 年里全世界每 2 分钟拍摄的照片就和整个 19 世纪拍摄的照片数量一样多，而这其中手机摄影所占的比例在不断快速地提升。这一切预示着一个真正的影像日常化的时代已经到来，而手机摄影则成为影像日常化的最为重要的推动力。

一、影像日常化的必要条件

影像要真正做到日常化并不容易，它需要具备几个基本的条件：

首先是拍摄设备的日常化。从摄影诞生伊始它便与繁复的操作技术密切相关，这也使得它的用户范围受到极大的限制。人们一直在寻求简化摄影操作的方法，从独立测光表到内置测光表，从手动对焦到自动对焦，从手动曝光到自动曝光……所有这些技术的进步无一不是指向"简化操作"这个目的。而胶片时代的极致性代表便是宝丽来公司推出的一次成像相机：它将胶片摄影复杂的操作简化为"取景"和"按下快门"这两个步骤，所提供的设置也仅仅采用"开/关"方式（图23），之后等待短短的一分钟左右便可以看到刚刚拍摄的画面了，即使蹒跚学步的儿童也可以用它来拍摄。站在已有的相机智能自动化技术的基础之上，数字相机一出现就有了面向普通用户

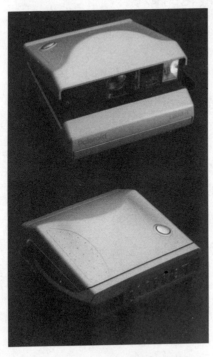

图 23 宝丽来相机及其设置按钮

的消费型傻瓜相机。虽然这类数字相机具有很高的智能性和自动化功能，但是局限于"获得更好质量照片需要一定的手动控制"的陈旧设计理念，相机厂商在设计相机时仍然保留了各种复杂的设置菜单和操作按钮，这常常让很多没有摄影常识的普通用户手足无措。而对于手机厂商来说，他们没有这种理念的传承，毕竟手机的发展仅仅经历了短短的30年。手机的体积和重量都受制于随身携带的要求，因此它对集成度的要求非常高，不可能像数字相机那样去容纳众多的功能部件。从一开始手机摄像头的设计目标就是将影像快速

简单捕捉下来，所以它没有复杂的功能菜单和操控按键，仅仅提供了一个拍照按钮。发展至今苹果公司的 iPhone 可以说是手机摄影的集大成者，它把手机拍照功能简化到了极致：用户只需要在取景构图后点击画面的主体便可以完成自动对焦和测光，之后按下屏幕上的拍照按钮图标就可以获得一张清晰的照片了（图24）。即便随着用户需求的提升，它增加了一些功能按钮，但这些功能的设置也做到了极简，仅有闪光灯开关、HDR 开关、摄像头

图 24　苹果 iPhone 手机拍摄界面

切换、拍摄模式切换以及特殊效果选择这几个切换选项，几乎不需要任何使用说明便可以找到并进行切换。iPhone 的拍摄功能在设计上与宝丽来公司的一次成像相机有着共同的精神内核。作为人们日常生活中随身携带的手机，拍摄功能使得人们可以随时随地地进行摄影活动，这是数字相机所无法企及的。

其次是具备高传输速度的信息网络，特别是不受空间限制的无线网络。传统的胶片影像主要依赖于报纸杂志和书籍进行传播，其制作周期较长，即使是最快的报纸也是一天一更新。而数字影像的呈现方式主要是以电子屏幕作为载体，只要相应的计算机设备能够读取到数据文件就可以呈现影像。因此，高速无线网络的普及是保证影像能够随时随地传输与接收的重要保障。我国 3G 移动网络和Wi–Fi 技术普及开始于 2008 年，经过五年的快速发展，已经覆盖全国的绝大部分城市，包括西部一些边远地区的县城都可以使用 3G 移动网络，这意味着数字摄影作品在互联网上传播的速度瓶颈已经被打破。而 2012 年颁布的 4G 移动通信技术也于 2014 年初投入运营，更高的数据传输速率使得高清视频的在线观看得以实现。影像从拍摄上传到下载观看已经不再受到任何限制，它已经取代文字成为互联网传播的主要对象。

最后是移动终端的普及。电子屏幕是人们观看数字影像的物质载体，而台式电脑和笔记本电脑是无法满足人们随身携带、随时观看的要求。真正的具有划时代意义的移动终端设备是 2007 年苹果公司发布的 iPhone 和 2010 年发布的 iPad。iPhone 不仅确立了智能手机的功能、样式和发展方向，并且于三年之后以视网膜屏幕技术标准确立了在影像呈现效果上电子屏幕超越印刷品的决定性地位。同时，它也通过出色的手机摄影功能将拍摄、发布与欣赏融为一体。iPad的出现则是对纸质媒介，特别是图书和杂志的一次颠覆，它首次让人们可以像纸质书籍那样随身携带和翻看电子书籍和杂志，并且在薄薄的机器内可以储存成千上万的书籍，而观看影像时的呈现效果也是印刷品难以企及的。

2010年是手机摄影出现的第十个年头，也是影像日常化的正式开始。这一年，拍摄功能、屏幕效果和网络速度三个条件的完美结合使得人们越来越迷恋于影像，也越来越依赖于影像。

二、"图说"与"风格"

影像的日常化使得人们由"读图时代"走向了"图说时代"。在读图时代各种印刷品上的静态照片，以及电影、电视上的动态影像包围着人们，不论你是否需要或是喜爱，它们就在那里，人们更多的是一种被动的接收与观看。随着互联网的普及，人们对于影像的阅读已经有了极大的主动性，通过百度、谷歌等搜索引擎，输入相应的关键字后便可以查找到自己所感兴趣的图片了。并且，这些引擎还提供了图片搜索功能（图25），即使用户不知道某张照片的具体标题、摄影师姓名、拍摄对象等详细信息，只需要将照片上传搜索引擎即可将与图片形式相似的所有图片搜索出来，这对于图像的阅读是一种极大的扩展。而随着人工智能技术的发展，图像识别技术更进一步改变了人们对世界的认知方式。以往对于事物的认知局限于语言和文字的描述，如今通过手机摄像头拍摄获取的影像经过图像识别技术便可以快速准确地确定其属性、种类、名称。这种方式认知方式已经广泛在购物类商业应用程序中使用，并逐步渗透进知识教育领域。

图 25 　百度搜索中的图片搜索功能

　　移动网络和智能手机的普及让人们进一步由阅读者变成了表达者。首先它打破了阅读对时间和空间的限制，使得信息的交互随身而行。而更高的数据传输速率使得数字影像的上传与下载更为迅速，人们不再像以往那样需要等待一段时间才能看到下载的影像。而智能手机强大的拍摄功能又使得影像的记录简单到"按下快门"即可，它甚至比输入文字还要快捷、方便。看看如今智能手机上提供的各种记事本应用程序，它们共同的特点便是既提供了文字记录功能，还将视频、照片、录音等作为记录功能来使用（图 26）。数字摄影已经打破了传统摄影的所有技术壁垒，而手机摄影更是将摄影简化到了极致，就像胶片时代的宝丽来一次成像相机，任何人都可以用它来拍摄记录自己的影像。照片的直观形象使得人们只需要做简单的文字标注即可将丰富的信息传递出来，快速、直接，更具说服力。不仅如此，互联网的开放性使得任何人都可以将刚刚用手机拍摄的照片上传网络进行传播与展示，以世界最大的图片分享平台 Instagram 为例，截至 2012 年 7 月 27 日 Instagram 的用户已经分享了近 40 亿张照片，而每秒钟则有约 60 张照片在其上发布。影像平民化的时代真正到来了，如今，人们越来越习惯于用照片来"图说"自己的生活、感受、思考与观点，并且这些影像带给观众更切实的真实感。

图26 苹果手机中各种记事本应用程序界面

不同于数字相机所拍摄的影像，手机摄影的影像有着自己鲜明的风格。手机摄像头的图像传感器面积较小，这导致其单个感光单元面积偏小，总像素数也偏低。例如总像素数约为 800 万的苹果 iPhone 5S 摄像头，其感光单元的像素尺寸为 1.5 微米；总像素数约为 1200 万的家用消费型卡片机佳能 IXUS 115，其感光单元的像素尺寸为 1.55 微米；总像素数约为 2000 万的全画幅数字单反相机佳能 EOS 6D，其感光单元的像素尺寸为 6.55 微米。这种状况直接导致了手机摄像头的成像质量显著低于数字相机，且这种差距在低照度时更为显著。此外，手机厂商早先大都没有生产数字相机的经验和技术，在数字照片的自动测曝光技术和图像优化处理技术上也存在着明显的不足。虽然 2014 年之后手机摄像头的像素数不断攀升已经超过 2000 万像素，同时各手机厂商研发的图像优化算法也得到了极大的提升，但从影像品质看，它们与数字相机所拍摄的影像还是有着天壤之别。作为手机领域引领的苹果公司，至今一直将其 iPhone 手机摄像头的像素数控制在 1200 万以内，究其原因在于绝大部分的用户并不是职业摄影师和摄影爱好者，他们对于影像的品质没有苛刻的要求，1200 万像素的品质远远可以满足其所有的影像需求。当然，手机摄像头在影像品质方面的不足却成就了它的一种独特的影像风格——大量的智能手机应用程序开发人员选择了胶片摄影时代的 LOMO 风格和宝丽来一次成像照片风格来开发摄影应用程序。20 世纪 90 年代初几个维也纳学生发现了俄罗斯生产的 LomoKompakt Auto-mat 相机所拍摄的照片常常出现令人难以预料的画面效果，并由此创立了一个组织——Lomography 社区，发展出了一整套新的摄影艺术

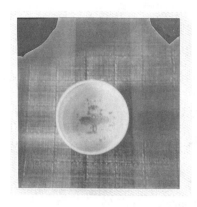

图27　宝丽来一次成像照片（摄影：吴毅）

风格，它代表了一种随意、无拘无束的影像记录方式。原本在摄影中被认定为失误的色彩失真、曝光失误、焦点不实等都被LOMO摄影所吸纳而成为其影像风格。LOMO摄影社区提出了这种摄影风格的十条黄金法则：（1）机不离手；（2）不分昼夜、随时使用；（3）Lomography是你生活的一部分；（4）把相机放在屁股位置拍照；（5）近摄！尽可能地接近你期望拍摄的物件；（6）不要想；（7）要快；（8）你不用完全知道你正在拍什么；（9）你也不用记起你曾拍过什么；（10）忘记以上守则。① 如果我们仔细比较LOMO摄影和手机摄影，便会发现它们之间有诸多相似之处，例如"机不离手""不分昼夜、随时使用"等；从拍摄得到的画面效果来看，画质粗糙、色彩偏差、曝光失误、镜头变形等都是它们的特征。类似地，宝丽来一次成像相机的影像风格也是相对较为随意、粗糙的（图27）。当然，从画面的色彩、影调等效果上看手机拍摄的数字照

---

① lomography社区. Lomography十个黄金定律［EB/OL］. lomography社区，2014.

片还是与 LOMO 相机以及宝丽来一次成像相机拍摄的画面有着很大的差异，特别是在光线充足的时候。因此诸如广为流行的 Hipstamatic、PicturShow 等手机摄影应用程序都充分利用 LOMO 和宝丽来的摄影风格来弥补手机摄像头在画质上的缺陷。

  例如 Hipstamatic 软件提供了各种 LOMO 镜头、胶片、闪光灯的组合（图 28），来获得各种意想不到的 LOMO 风格的画面效果。法新社摄影师 Patrick Baz 就利用 Hipstamatic 在巴格达拍摄了一系列 LOMO 风格的新闻摄影作品，他说："作为一名摄影师，在巴格达街头工作就像一场复杂而又烦琐的噩梦，无论你走到哪儿都需要不停地出示证件，无论你做什么都必须事先获得许可才行。你永远弄不清楚自己究竟是在跟什么人打交道，究竟是谁在管事，又或者究竟是发生了什么事。"① 最后他选择使用 iPhone5 配合 Hipstamatic 来进行拍摄。虽然用 Hipstamatic 拍摄的照片色彩浓烈，与新闻报道摄影客观再现的要求相去甚远，但毕竟在严酷的环境下摄影师拍到了自己需要的照片。目前，大量的手机摄影软件包括手机上的后期调整软件，如 Snapseed、iPhoto 等，都提供了 LOMO 风格和宝丽来风格的画面效果，如果我们登录 Instagram 就可以看到大量这种风格的手机摄影作品。不仅仅普通人拍摄这种风格的手机照片，越来越多的摄影师也加入其中，利用手机来进行摄影创作。例如摄影师 Trevor Traynor 就利用苹果手机拍摄了一组有关纽约报摊的纪实摄影作品，

----

① 中国摄影在线. 摄影记者可以用 Hipstamatic 工作吗？[EB/OL]. 中国摄影在线，2013 – 2 – 16.

他采用相同的景别、相同的色调效果、类似的人物行为来展现纽约报摊的共同特征——缤纷的杂志和穿插其间的植入式广告。这种不同于传统纪实摄影真实还原景物色彩的拍摄手法形成了摄影师自己独特的风格，也是手机摄影的典型性案例。在影像表达的风格上，手机摄影走上了一条完全不同于数字相机的道路，它并不追求超越极限的逼真，而在模糊与混沌、随性与肆意之间游走，一切摄影固有的法则在手机摄

图28　手机摄影软件 Hipstamatic

影里都可以被打破，这也使得普通人可以拍摄到出人意料的画面。在一定程度上可以说，手机摄影是胶片摄影生命的延续，它将 LOMO 摄影和宝丽来摄影的外在形式与内在精神发扬光大。

"你可以把科技视为一棵生命之树，树干长出树枝，而树枝上长出繁茂的树叶。或者你可以把此视为一张网子，每一个结是用不同大小的绳子绑在一块。但是人类实际的情况比这两种都还要复杂。我们一直都认为发明一开始非常单纯，是出于一种需求：希望把摄影者从镜头外那个突兀的局外人，变成我们自己……这个东西有助于满足所有人把事情办好的需求，过程中提供了一个工具让我们有

满满的回忆。除此之外，小心翼翼地使用相机，也可以让那些组成人类生命众多片段的影像显露意义。"① 这是宝丽来公司为其经典一次成像相机 SX - 70 制作的十一分钟短片里的麻省理工学院物理哲学家莫里森的一段即兴演说。如今，宝丽来已经破产，宝丽来相机也逐渐远离人们的视线。面对蓬勃发展的数字摄影技术，这段话似乎更加适合于手机摄影。

① 　波南诺. Polaroid 拍立得——不死的摄影分享精神［M］. 李宗义，许雅淑，译.
　　台湾：木马文化事业股份有限公司，2013：136.

第四章　融合与博弈

第一节　媒介的融合

"因为没有一种媒介具有孤立的意义和存在，任何一种媒介只有在与其他媒介的相互作用中，才能实现自己的意义和存在。"① 麦克卢汉在讨论媒介的杂交时继续说道，"媒体杂交释放出新的力量和能量，正如原子裂变和聚变要释放巨大的核能一样。……媒介（亦名为人的延伸）是一种'使事情所以然'的动因，而不是'使人知其然'的动因。这些媒介的杂交和化合，提供了一个注意其结构成分

_____

① 马歇尔·麦克卢汉. 理解媒介——论人的延伸［M］. 何道宽，译. 北京：商务印书馆，2000：56.

和性质的特别有利的机会。"①

数字技术使得人们在信息传播与交流的过程中，绝大部分的媒介内容都变身为数字信号，它们替代原先的实物载体呈现在一个个电子屏幕之上。庞大的服务器数据存储终端又为互联网这个虚拟空间提供了无尽的容量，它将人们每天难以计数的信息数据保存下来。在这个庞杂的信息传递网络之中，各种媒介之间呈现出强烈的融合趋势，它们之间通过一种互动的关系进行着信息的传递与交流。如今，电影、电视、广播、摄影、音乐、书籍……这一切都被强大的互联网所裹挟。

这些不同媒介之间的相互交叉和碰撞产生出一系列的概念与术语，如全媒体（Omnimedia）、富媒体（Rich Media）、多媒体（Multimedia）、流媒体（Streaming media）、自媒体（We Media）、融媒体（Media Convergence）。如果仔细考察这些术语，便会发现它们都有着共同的特点，即都指向媒介的融合。

"多媒体"的概念最早出现于20世纪80年代声卡诞生之后，在这之前计算机虽然已经具备了显示图像的能力，但它仅仅局限于人们的视觉感知。声卡的出现使得计算机可以同时向人们传递图像和声音，这样人们就可以将文字、图形、照片、音频、视频、动画等结合起来，配合超级链接来制作具有互动性的、作用于人们视觉和听觉感知的信息作品。多媒体更多地指向本地播放，而非在线播放，

① 马歇尔·麦克卢汉. 理解媒介——论人的延伸 [M]. 何道宽，译. 北京：商务印书馆，2000：82.

它真正意义上的广泛普及是在 90 年代之后。"流媒体"则是 1999 年
苹果公司推出 QuickTime 4.0 支持流式播放之后才出现的概念，它是
网络技术与音视频技术结合的产物，支持边下载边播放。"全媒体"
的概念来自 1999 在美国成立的一家名为 Martha Stewart Living Omni-
media 的家政公司，它拥有杂志、书籍、报纸专栏、电视节目、广播
节目、网站在内的多种媒体，并通过它们来传播自己的家政服务和
产品。它名称中的"Omnimedia"（全媒体）后来被世界传媒业所接
受和实践，虽然在学术界并没有取得共识。"全媒体"是在互联网广
泛普及，特别是移动通信技术普及的情况下出现的，它涵盖的范围
远远大于"多媒体"，几乎囊括了所有能够数字化的媒介，报纸、杂
志、广播、电视、电影、书籍、游戏、通信……同时它在信息传播
的过程中不仅仅作用于人们的视听，还延伸到了触觉。更为重要的
是，它的信息传递模式不再是单向性的、无目的的，而是具有明确
指向性和针对性。"富媒体"的概念是在 2008 年由广告业提出的，
它是指一种利用所有可能的新技术来达到最佳的广告传达效果并与
用户互动的应用。"自媒体"的概念来自 2003 年 7 月美国新闻学会
媒体中心出版的谢因波曼和克里斯威利斯两位联合提出的"We
Media"报告，其中对"自媒体"做了严格的定义："自媒体是普通
大众经由数字科技强化、与全球知识体系相连之后，一种开始理解
普通大众如何提供与分享他们本身的事实、他们本身的新闻的途
径。"① 它也被称为公民媒体。"融媒体"的概念最早在 2008 年被提

---

① 维基百科. 自媒体［EB/OL］. 维基百科，2018 – 10 – 01.

出，它是指将电视、广播、网络、报纸杂志等媒介整合起来打包给客户共同完成一个服务项目。

通过对上述概念和术语的梳理，不难看出它们是伴随着相应数字技术的成熟而出现，同时又指向了多种媒介的融合——综合了人们的视、听、触觉等感知方式，它们都强调受众与媒体之间的互动关系，并进而产生出强大的生命力。

媒介的融合使得信息的表达方式摆脱了传统媒介的单一性，文字、图形、照片、音频、视频、动画等已经有机结合为一个统一的整体，立体地、全息地表达出信息的内容。另外，在阅读方式上也改变了以往的翻页式的、单向性的、强制式的阅读，更多利用超级链接来串联整个信息作品，引导和激发受众对于信息的主动性搜索。例如，iPad 上大量电子杂志就采用这样的方式来引导读者。图 29 为《时尚芭莎》杂志电子版的一个页面，编辑将广告信息巧妙隐藏在星座描述的页面中，观众在阅读相关页面时会不自觉点击自己的星座来展示相关的文字信息，这时杂志需要传递的饰品广告也以图片的形式同时呈现在观众眼前，而刻意设计的页面也使得广告形象成为

图29　iPad 上的《时尚芭莎》电子杂志

画面的视觉中心。不仅如此，这些电子杂志还将视频、音频作为传播内容进行展示。当读者面对一本这样声情并茂、活灵活现的杂志时，可以想象它比一本纸质杂志有着更大的吸引力，因为在电子杂志里读者可以发现无数的惊喜。这种媒介的融合在互联网的各种平台上都有充分的体现，不论新闻客户端、还是电子商务客户端、抑或是社交网络，甚至电子邮箱也提供了多种媒介融合的虚拟写信场景（图30）。需要指出的是，不论媒介融合的趋势怎样发展，听觉和触觉的介入都处于附属地位，视觉感知自始至终都占据着主导地位，形象性和直观性使得影像，不论是静态照片还是动态视频都成为当今互联网信息传递的主要对象，它的地位比以往任何时候都更加重要。

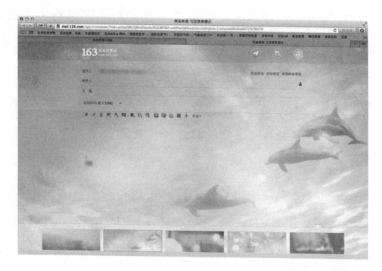

图30　网易邮箱的虚拟写信

在媒介融合的背景下，不同媒介作品之间的相互借用成为一种新的创作现象。这种媒介之间的互动性使得某一作品的生命力通过新的作品得以延续和加强，影响力也更为持久。其实这种媒介之间的互动关系早就已经出现，1998 年德国影片《罗拉快跑》便是一次成功的媒介借用。影片的故事结构非常简单，它讲述了黑社会喽啰曼尼打电话给自己的女友罗拉说自己丢了 10 万马克，20 分钟后如不归还便会被黑社会老大处死。为了营救曼尼，罗拉在 20 分钟之内拼命奔跑，同时曼尼在电话亭中不停地打电话到处借钱。电影以重复三次的方式表现了罗拉奔跑、找钱、营救曼尼的三个过程和三种结果。这部作品其实就是一部关于罗拉闯关电子游戏的电影版。导演汤姆·提克威（Tom Tykwer）出生于 60 年代中期的德国，属于典型的"视听的一代"。而 20 世纪 80 年代闻名全球的两款电子游戏《魂斗罗》（Contra）和《超级玛丽》（也称《超级马里奥》）影响了整整一代的年轻人。游戏玩家遥控主角人物的行动来进行闯关游戏，主角拥有三次机会，每一次玩家不同的操作状态决定了最终闯关的结果到底如何。电影中罗拉的三次闯关过程和三个不同的结果正与电子游戏玩家的游戏过程完全一致。如今电影、电视、游戏、照片、绘画、动画……这些不同媒介的具体作品之间经常发生着各种借用活动。例如 2012 年美国上映的纪录片《轮回》中就选用了很多摄影师曾经拍摄的场景作为拍摄对象，这其中包括美国新闻摄影师詹姆斯·纳切威（James Nachtwey）曾经拍摄的印尼卡瓦卢恩的硫黄矿、垃圾场，加拿大纪实摄影师爱德华·伯汀斯基（Edward Burtynsky）拍摄的中国福建超大型工厂、中国吉林禽类加工企业等。

这种借用是因为影片与摄影作品的类型同属于纪实类作品，加上电影所反映的主题也与照片所反映的主题相同，当然其中也不乏影片导演罗恩·弗里克（Ron Fricke）曾经看到过这些摄影师的作品并希望通过自己的作品向这些摄影师致敬的可能。而美国摄影师 Bechet Benjamin 则在他的作品中让一些普通人装扮成他们自己孩童时代最喜欢的卡通偶像人物，并在自己的工作岗位上拍照。摄影师精心布置的灯光营造出类似电影屏幕上的人物形象，但现实中普通人的工作和际遇与偶像人物装扮之间的巨大落差产生了强烈的黑色幽默效果。同样，媒介之间的相互借用也被广泛运用于商业广告摄影中，例如 Voegele 品牌女鞋的广告便将平面设计元素与摄影相结合，不同于摄影史上曾经出现的通过剪贴方式将照片与平面设计相结合的构成派，利用数字后期合成技术，这则广告将现实人物与平面手绘钢笔画效果完美结合、天衣无缝，而这又恰恰体现出这个品牌所标榜的特立独行的艺术风格。美国人像摄影师杰奎琳·罗伯茨在她拍摄的一组儿童肖像作品中则借用古典油画的风格，甚至直接将儿童与委拉斯凯兹的经典名作《宫娥》相结合创作出一幅摄影版的《宫娥》。摄影师直接截取了画面的局部进行模仿与重建，从光线运用到人物造型都严格依照画作中的主人公形象布置，并且将画作中处于远景的几个人物画面直接用作摄影作品的背景。这种拍摄方式几近经典画作的重现，也让作品呈现出强烈的艺术气息。这种不同媒介作品之间相互借用的创作手法是数字时代，特别是互联网时代的典型特征，只有当所有媒介作品唾手可得时才有可能为其他媒介所利用。一方面通过借用的方式丰富了影像作品的表现形式；另一方面，虽然作品更多是表达当代创作者的思考与观念，但不可否认它确实不断将曾经的经典作品重现于观众面前，从而使经典作品符号化，并在青年一代中得以传承。

"两种媒介杂交或交汇的时刻，是发现真理和给人启示的时刻，由此而产生新的媒介形式。因为两种媒介的相似性，使我们停留在两种媒介的边界上。这使我们从自恋和麻木状态中惊醒过来。媒介交汇的时刻，是我们从平常的恍惚和麻木状态中获得自由解放的时刻，这种恍惚麻木状态是感知强加在我们身上的。"① 如今，媒介的融合已经呈现出其对信息传播强大的推动作用，人们的阅读方式和表达方式获得了空前的解放与自由，影像当仁不让地成了信息传播的主体。

第二节　看与被看：界限的模糊

美少年那耳喀索斯是河神刻菲索斯与利里俄珀之子，回声女郎厄科被他的美貌所吸引并爱上了他，但那耳喀索斯却将自己水中的倒影当成另一个人并爱慕不已。回声女郎的求爱被那耳喀索斯拒绝，最终憔悴而死。而那耳喀索斯也因为爱上了自己的倒影无法从池塘边离开，最终也憔悴而死，死后幻化为水仙花。这则凄美的希腊神话故事与人们的生活经验有着直接的关系，那耳喀索斯（Narcissus）与那耳柯西斯（narcosis，麻木）出于同一个词源。麦克卢汉认为：

---

① 马歇尔·麦克卢汉. 理解媒介——论人的延伸［M］. 何道宽，译. 北京：商务印书馆，2000：91.

"这一神话的要旨是：人们对自己在任何材料中的延伸会立即产生迷恋。"① 这种迷恋涉及人类自古以来一直关注的一个重要问题："看"与"被看"。

摄影的出现深刻改变了人们的"观看"与"被观看"的方式。罗兰·巴特认为："据我观察所得，一张照片是三种活动（或三种感情，或三种意图）的对象：实施，承受，观看。实施者是摄影师。观看者是我们这些人，是我们这些在报纸、书籍、档案和相册里翻阅照片的人。而被拍摄的人或物，则是目标和对象，是物体发回来的一种小小的幻影……"② 在这三种活动对象中，摄影师和观看者其实都处于"观看"的地位，只不过摄影师不仅自己观看，同时还将自己观看的结果提供给观看者；而被拍摄的人或物则处于"被观看"的地位。

照相机的形态和操作方式随着摄影技术的发展而不断演进，摄影师的观看方式和拍摄时的心态也随之发生巨大的变化。摄影术诞生的初期大都采用暗箱式照相机，加上成像材料的感光性能较低，因此摄影师的拍摄活动必须得到被摄对象的紧密配合，特别对于人像的拍摄，摄影师需要不断与被摄人物进行沟通，以提醒他们避免移动造成影像的模糊。其后技术座机的拍摄也沿用这一套手法，也就是说摄影师需要直面被摄对象，通过平等的沟通和交流来赢得被

---

① 马歇尔·麦克卢汉. 理解媒介——论人的延伸［M］. 何道宽，译. 北京：商务印书馆，2000：74.

② 罗兰·巴特. 明室：摄影纵横谈［M］. 赵克非，译. 北京：文化艺术出版社，2003：13.

摄者的配合。同时他还需要认真仔细地对待拍摄过程中的每一个步骤，进行长时间细致的调整后才能顺利完成拍摄工作。随着成像材料感光性能的提升和相机的小型化，1880年双镜头反光相机的出现使得腰平取景方式广为使用，摄影师与被摄者之间的沟通关系发生了变化，摄影师不用再直面被摄者，更多的是低头关注自己的取景器来把握人物的瞬间，操作的步骤也大为简化。但是，在智能化的相机诞生之前，摄影师还是需要精心考虑画面的曝光等技术要点。进入20世纪初期，小型相机的出现使得摄影活动更像是在使用猎枪进行打猎，摄影师躲在相机背后透过取景器来猎取瞬间影像，摄影比以往任何时候更具有侵略性。而随之智能化和自动化功能在相机上出现，摄影师对于相机的关注越来越少。在数字相机出现之前摄影师对于最终得到的影像还是难以拿捏准确的，因此他们不得不对拍摄的技术问题进行必要的关注。数字相机的出现完全改变了摄影师的拍摄态度，拍摄变成了一种游戏，摄影师不再需要考虑按下快门后能否成功获得所需的影像，因为即便拍摄失败，也可以立刻重新补拍。就像游戏失败后可以重新再来一样，摄影师对于拍摄的心态也就更为轻松随意了。当手机摄像头介入数字摄影后，摄影变得更具隐蔽性、更随意了。由于手机的体积小巧，被摄者甚至在尚未察觉的情况下就已经被拍摄了，更何况还有一些拍摄软件，例如一款名为Silence的手机摄影软件，它可以将拍照界面隐藏在上网页面之下，在貌似网络页面浏览的过程中进行隐蔽的照片和视频拍摄（图31）。而手机的图像优化技术甚至采用视频拍摄的方式进行拍照，然后从众多的视频帧中截取最佳的一帧画面作为照片提供给用户。这使得摄影技术的壁垒轰然倒塌，用户的拍摄可以无所顾忌。在这个人手一部智能手机的时代，可以说人人都是摄影师。拍摄方式的变化决定了摄影者观看方式的变化，也影响了他对于被摄者的态度。

随着摄影者范围的扩展，特别是互联网提供给人们一个随意发布照片的虚拟空间，如今的观看者每天接收到比以往多得多的影像，人们很难再有时间仔细阅读照片的内容，更多的照片仅仅被瞥一眼后便一带而过。什么样的照片才能够

图31 偷拍软件 Silence

抓住人们的眼睛呢？罗兰·巴特认为摄影师应该出其不意地拍照，并总结出了五种类型：第一种出其不意是"稀有"（指的当然是被拍摄的东西为稀有之物）。第二种出其不意，在"绘画"中常见，绘画常常再现一个瞬间的、肉眼捕捉不到的动作（我在别处把这种动作称为历史画面的"神意"）。第三种出其不意，是成绩方面的出其不意："半个世纪以来，哈罗德·埃杰顿以百万分之一秒的速度拍摄到了一滴正在落下的奶。"第四种出其不意，是摄影师期待着的技术加工带来的：叠印、变形，有意地利用某些瑕疵（图像不全，模

糊，角度不正）。出其不意的第五种类型是：新颖。① 其实，能够抓住观众眼睛的就是好奇心。这种好奇心呈现出两种不同的探索方向，一种是指向外部的窥视欲；另一种是指向内心的自我关照。

指向外部的窥视欲与人类确立私有制度有着密切的联系，它其实是占有欲的一种变相表现。在早期原始人的岩画作品中，虽然局限于当时的物质材料和技术手段只能在岩壁上作画，但它却暗示着原始人类并没有区分"我"和"他者"的概念。这些岩画在原始人眼中本身就是大自然的一部分，并没有明确的归属关系。当私有制度确立之后，绘画作品成为私人物品时画框也就诞生了，也就是说，画框所框定的内容是属于画作的拥有者的。当人们观看画作时就像透过一个窗户来观看窗内的事物，画框明确界定了"我"和"他者"的概念。画作的拥有者不可能在现实世界真正地拥有画作内的自然景物，只能通过占有画作的形式来满足一下内心的占有欲。作为不具备拥有权的观众，则通过近距离的作品观看来满足自己的窥视欲，而这种窥视欲则是一种变相的占有欲的表现。摄影术诞生伊始便一直在满足着人们对于周围事物的窥视欲，而且它使得普通人也能通过购买廉价的照片来满足自己的"窥视欲"。旅行摄影就是一种典型的表现，在旅行的过程中人们总是不停地拍摄下一切可能拍到的景物，他们将当地的人或物当作纯粹的消费对象看待。这种狂热的拍摄行为背后就是满足旅游者的窥视欲，只不过在陌生的环境

---

① 罗兰·巴特. 明室：摄影纵横谈［M］. 赵克非，译. 北京：文化艺术出版社，2003：51-53.

中可以肆无忌惮地进行各种窥视行为，而不用受到伦理与道德的束缚；同时旅行者们也认为自己为此付出了金钱，就有权利将这些照片带回家。在他们看来，这些照片是对他们所旅行目的地的变相的占有。苏珊·桑塔格指出："摄影与窥淫一样，是在巧妙地——往往也是明显地——鼓励正在进行的事情继续进行下去，不管是什么事情。拍照——至少要拍到一张好照片——意味着对事物保持不变的面目发生兴趣，并把一切能使被摄对象产生吸引力的事物表现出来——必要时包括别人的痛苦与不幸，假如这恰好是摄影者的兴趣所在。"① 苏珊·桑塔格所提到的"窥淫"一词来源于弗洛伊德的"视淫"的概念，它是指人们通过窥视色情场景而获得愉悦感。这里被借用来分析摄影行为，而它实际便是本文所指的窥视欲。1953 年在美国创刊的以大量刊登年轻、貌美的性感女子裸体照片的《花花公子》杂志也是一个典型的例证（图 32），它为杂志的广大读者创建了一个梦幻的世界，让他们通过购买杂志来满足自己的窥视欲。虽然无法拥有一个个这样鲜活的个体，但是却可以通过照片来获得喜悦与满足。"100 年之前，英国人狂热追求单片眼镜，它给人以照相机的力量，使戴它的人以居高临下的目光直视旁人，仿佛把旁人当成是没有生命的物体在打量。……单片眼镜和照相机都趋于把人变成物，照片使人的形象延伸并成倍地增加，甚至使它成为大批量生产的商品。影星和风流小生通过摄影术进入了公共场合。他们成

---

① 苏珊·桑塔格. 论摄影［M］. 艾红华，毛建雄，译. 湖南：湖南文艺出版社，1998：23 - 46.

图 32　《花花公子》杂志

为金钱可以买到的梦幻。他们比公开的娼妓更容易买到，更容易拥抱，更容易抚弄。大批量生产的商品一向带有娼妓的属性。"① 数字技术使得影像成为大众日常生活不可分割的一个部分，不断推动人们膨胀的窥视欲。人们像收集标本一样拍摄和下载照片，这些都成为他们资产的一个组成部分，满足他们虚幻的占有感与虚荣心。面对互联网上海量的影像信息，"世界本身变成了一种博物馆，其中的陈列品你已经在另外一种媒介中接触过了。……同样，到了比萨斜塔或亚利桑那州大峡谷的旅游者，现在只需将他的反应与他早已熟

---

① 马歇尔·麦克卢汉. 理解媒介——论人的延伸 [M]. 何道宽，译. 北京：商务印书馆，2000：238 – 239.

悉的东西比照核对一下就行：他自己拍的照片与过去看过的照片是一样的。"① 影像自身所具有的内涵和意义已经为人们所忽视，他们所关心的只有是否漏拍了什么。

图33　文森特·梵高的照片和自画像

　　作为个体存在的人，总是会关心"我"这个哲学问题，而自我的形象总是不断出现在他人的视觉感受中，对于普通人来说能够看到关于自我最为常见的形象便是水面的倒影与镜中的形象了。在摄影术诞生之前，画家就已经利用画笔来描绘自己所感受到的自我形象，它是对自我的一次"解剖"与"证明"。荷兰画家文森特·梵高就画过很多的自画像（图33），这些自画像所呈现的人物外貌与画家本人的照片相像却又各不相同，它充分体现了不同时期画家内心世界的外在表象。然而摄影不同，"面对一张照片，意识上不一定就产生怀旧的思绪（很多照片都超出一个人的寿命），但是，对现存的所有照片来说，意识的取向都是可靠性：照片的实质在于认可它

----

① 　马歇尔·麦克卢汉. 理解媒介——论人的延伸 [M]. 何道宽，译. 北京：商务印书馆，2000：249－250.

所反映的东西"①。任何一张照片都是证明，证明一种曾经的存在，它不像绘画那样容易受到作者自身情绪的影响展现出不同的形象细节。家庭影集对于人们的意义在于它证明了曾经存在过的人、物或者事件，而不仅仅是构成回忆，因为回忆常常是不可靠的、含混不清的。"研究照片是不是相似的，或者是不是有寓意的，不是分析问题的正道。重要的是，照片具有一种证明力，这种证明针对的不是物体，而是时间。依照现象学的观点，照片的证明力胜过其表现力。"② 这也是当下越来越多的普通人倾向于进行自拍的重要原因，他们通过自拍来获得有关自己的客观、具体的形象，这些形象里包含了丰富的信息，人们可以借此确立自己的社会身份与角色，这些都确凿地证明了自己的存在。传统胶片摄影的技术壁垒使得只有少数熟悉摄影技术的摄影师才能够进行自拍（图34），大多数的普通人只能依靠他人的拍摄才能获得自我形象的照片。从这个意义上看，胶片时代每个人的自我形象仍然掌握在他人

图34　胶片时代的自拍

①　罗兰·巴特. 明室：摄影纵横谈［M］. 赵克非，译. 北京：文化艺术出版社，2003：135.
②　罗兰·巴特. 明室：摄影纵横谈［M］. 赵克非，译. 北京：文化艺术出版社，2003：140.

之手。数字摄影所提供的可翻转液晶屏取景功能以及通过 Wi – Fi 连接 iPad 无线遥控拍摄使得人们对于自我的关照更为切实，人们可以通过屏幕实时观看和拍摄自己的形象，这一次人们在真正意义上可以掌控自己的"自我形象"了。智能手机的流行使得自拍的风潮更为盛行，据市场调查公司 OnePoll 对 3000 名英国人的调查显示：18 ~ 24 岁人群中有 30% 的照片是自拍照，而"Selfie"（自拍）一词也被《牛津字典》选为 2013 年年度风云字。

　　在影像随手可得的今天，更多的人会将自己拍摄的照片，包括自拍照片，发布到互联网上供朋友或他人观看，这导致了观看角色的转变。在数字时代来临之前，大众更多处于一种观看者的地位，它单方面接受着各种媒介传递给他的影像。如今，他们将自己的照片，特别是自拍照片上传网络时，便由"观看"的角色转换为"被观看"的角色。当然，由于能够掌控"自我形象"，人们也更愿意"被观看"，从而获得观众的好评以提升自我的良好感觉。人们在"观看"与"被观看"之间来回游走，由此我们可以发现一些相互矛盾的现象交杂在"看"与"被看"的过程中——人们在涉及自我形象时都期望获得观看者的尊重与认同，而当涉及他人时则完全从自己窥视欲的角度出发，不考虑他人的人格与尊严。这种现象和那耳喀索斯迷恋于水中的倒影极其相似，当人们迷失在自我的延伸时，对于他人的忽视与践踏最终将作用于自身。

第三节 权威与草根的博弈

2011 年 6 月 23 日北京暴雨导致部分地铁站进水，留美学生杨迪用手机拍摄的照片在微博中广泛传播，随后被北京的不少媒体转载。

2013 年 12 月 3 日一则"北京街头中国大妈讹上外国小伙"的新闻和现场照片在各个媒体的微博上迅速传播，随后还是同一事件又出现了不同的说法，同样也在微博上成为热门话题。直到 3 日晚平安北京官方微博公布了现场视频才真相大白。

上述两个实例从新闻报道领域的角度充分反映了当下互联网时代的一个突出现象——传统权威与网络草根力量之间的博弈。

其实在互联网创建之初就构建了这样一个图景：互联网是一个平等的共享世界，人们可以将自己的信息发布其上而不受任何审查和制约，同样他们也可以免费获取和享有互联网上的任何信息。早在 2003 年"自媒体"的概念就已经在美国出现，而它真正在我国的兴起则是 2008 年之后，随着智能手机的普及和微博社交平台的流行。"自媒体"最初推崇的是普通大众经由互联网来提供和分享他们身边发生的，为他们亲眼所见、亲耳所闻的新闻事件。也就是说，每一个公民都是一位新闻记者，它可以随时将身边刚刚发生的事件发布报道。不可否认，很多突发事件常常出现新闻记者的缺席，这时作为事件的亲历者确实有着有利的条件来记录下事件发生的过程。

2005 年英国伦敦地铁大爆炸之后，乘客 Alexander Chadwick 在现场用手机拍摄下了爆炸后紧急疏散的混乱场面就被刊登在《纽约时报》和《华盛顿邮报》的头版位置。这些亲历者通过手机拍摄的画面影像粗糙，虽然没有新闻记者那样专业，但却表现出了强烈的现场感。"专业记者一般是通过教育或通过报道和编辑受其他专家关注的第一手新闻的经验来提升其专业技能。相反，市民记者没有受过正规的教育或训练，他们很可能将观点当成事实，将谣言当成报道，将传闻当成信息。在博客世界里，发布个人的新闻是免费的、容易的，也不受道德约束和编辑阻挠。"① 也就是说，新闻记者在进行报道拍摄时会保持自己的独立性和客观性，他们会有意识地在真正了解事件的真相前避免自己的主观判断，他们需要为自己的报道付出法律责任，职业道德不允许他们弄虚作假。特别是摄影作品具有强烈的证明能力，它的直观形象常常让观众深信不疑，但是作为静态的单张摄影作品它是整个事件发生过程中的一个短暂瞬间，同时也是摄影者对现场空间所选择的一个侧面，因此它只是一个片段。形象本身常常具有很强的包容性，它自身并不会说明事件的真相，更多依赖于文字解说。苏联电影导演库里肖夫曾经做了一个有名的实验：他给俄国著名演员莫兹尤辛拍了一个毫无表情的特写镜头，然后把它分别接在一盆汤、一个做游戏的孩子和一具老妇人的尸体的镜头前面，这时他意外地发现观众看到了演员的"表演"：看到汤时表现

---

　　① 安德鲁·基恩. 网民的狂欢——关于互联网弊端的反思［M］. 丁德良，译. 海南：南海出版公司，2010：45.

出饥饿感，看到孩子时表现出喜悦，看到老妇人尸体时表现出悲伤。虽然这是电影上的一个实验，但是它同样对于照片有效，只不过镜头之间的剪接变为照片和文字之间的组合。对于一些简单陈述明显可见事实的情况，例如杨迪拍摄的北京暴雨导致部分地铁站进水，这种没有任何主观性判断和争议性事件，公民记者可以忠实客观地加以报道。但对于一些具有争议性或者带有立场的事件过程中，公民记者就很难把自己的主观情绪排除在拍摄画面之外，更何况在网络时代获得点击量常常是人们最大的目标。真正有影响的新闻是报忧的新闻——关于某某人的坏消息或对于某某人的坏消息。① 正是这种心理的潜在影响，作为自由摄影师的李先生在报道"中国大妈讹老外"事件时，在没有看到事件真正起因时便主观臆断认定中国大妈讹诈外国小伙，而从他拍摄上传微博的照片上也可以明确看出他所选取的片段都带有明显同情外国小伙的情绪。此外，公民记者的拍摄活动如何能够避免扰乱别人的正常生活，如何避免窥探和泄露别人的隐私也是非常严峻的问题。作为职业记者和摄影师，他们知道如何保护被采访对象，以避免他们的正常生活受到新闻报道的干扰，这种能力需要长时间的专业训练才能做到。公民记者常常会混淆公共领域和私人空间的界限，他们眼中往往直指最终目标，却不会考虑他人的自由与隐私。同时，他们并没有能力预知当信息传播出去之后所带来的连锁效应，这往往会对被报道对象产生更为严

---

① 马歇尔·麦克卢汉. 理解媒介——论人的延伸 [M]. 何道宽，译. 北京：商务印书馆，2000：257.

重的伤害。如今，面对手机摄影的大潮，公民记者已经成为新闻报道的重要力量，越来越多的媒体开始选用公民记者的报道。这种状况正在不断挤压着职业新闻记者和摄影师的工作空间，2013 年 5 月底美国太阳时报集团就宣布旗下《芝加哥太阳时报》裁撤整个摄影部门共 28 人，其中包括了普利策奖得主 John H. White，将要求文字记者自己拍摄照片来配图，在重要新闻报道中则计划使用自由摄影师提供的新闻图片。《纽约客》的莱曼指出："社会创造了一种能够生产和分配知识、信息和观点的权威机构。"为什么？因为这让我们知道该相信谁。我们之所以相信权威报刊的文章，是因为这些文章从那些对真实性和准确性负责的新闻机构发布出来之前，已经经过许多经验丰富的编辑和记者的研究、筛选、核实、编辑和校对。如果没有这种筛选机制，我们这些普通民众如何能从众多业余者所发布的浩如烟海的信息中辨明真假？① 互联网时代下公民记者的盛行更需要新闻机构在发布新闻前进行审慎的核实，这些大量来源不明的信息无法给人以事实的真相。"这是一种借技术而存在的后现代多元文化的身份景观。它没有性别、种族之差，也没有其他的问题建构。在网上，使用者脱离了生物的、社会文化的决定性因素而自由飘荡。"② 作为曾经的权威发布者，只有恪守新闻报道的职业准则才能保持并赢得广大受众的信任。需要指出的是，如今发达的资讯传播也常常让新闻工作者迷失其中，近两年来一系列由新闻工作者制

---

① 安德鲁·基恩. 网民的狂欢——关于互联网弊端的反思 [M]. 丁德良，译. 海南：南海出版公司，2010：50.

② 马克·德里. 火焰战争 [M] //网络幽灵. 天津：天津社会科学出版社，2002：3.

造的假新闻便是典型的例证，由年度虚假新闻研究课题组评出的 2013 年十大新闻造假事件中就有八件直接由职业新闻工作者炮制，它们大都通过夸大事实、恶意歪曲以丑化社会来吸引观众。这种行为正在不断侵蚀新闻机构的权威性，它使得大众与新闻机构渐行渐远，当这种权威性丧失殆尽之时，我们又该相信谁！

　　传统权威与草根力量的博弈已经渗透到互联网的各个角落，从电子杂志到文学作品，从摄影作品到影视作品，甚至波及学术领域。威廉·罗尔夫·纳特森（William Rolf Knutson）对互联网评价说："这种媒介给了我们一种可能性（尽管也许有些虚幻）。那就是，我们可以建立一个没有权威和专家为中介的世界。读者、作者和批评家的互换如此之快，以致他们在一个共同创造的社区里变得越来越不相干。"人们越来越希望通过网络来展示自己，并显示自己的专业才能。2005 年布克奖评审委员会主席约翰·萨瑟兰说："一个人要想读完亚马逊网上的电子版小说，要活 163 次才行。"而且这些电子版小说还都是经过专家挑选、编辑和出版的小说。① 2014 年 3 月 Facebook 旗下的照片分享服务 Instagram 宣布其月活跃用户已经突破 2 亿大关，而通过该服务分享的照片已经超过 200 亿张，而 9 个月前的数字是 160 亿张。2013 年 YouTube 在其博客上宣布每分钟用户上传的视频时间超过 100 小时，这一数据在 2012 年和 2011 年分别为 72 小时和 48 小时。这给大众造成了一个自我成就的幻象，仿佛通过

----

① 安德鲁·基恩. 网民的狂欢——关于互联网弊端的反思 [M]. 丁德良，译. 海南：南海出版公司，2010：53.

互联网就可以达到真正的自由与平等，仿佛将自己的作品上传网络便得到了别人的关注。实际的情况到底是怎样的呢？伯纳多 A. 胡伯曼在对互联网的研究中指出互联网的分布具有一个特别的形态，他把这个形态称为"幂律"（Power law），"当我们说一个分布具有幂律特征，指的是找到一个规模为 n（网页数）的网站的概率为 $1/n^\beta$，其中 β 是一个不小于 1 的数"①。当一个系统服从幂律分布时，在所有尺度上它都服从这一规律。我们会发现很多"少数网站包含数以百万计的网页，但数以百万级的网站各自只包含少数几个网页。少数网页包含数以百万计的链接，但很多网页只有一两个链接"。②这种情况同样出现在用户的知名度上，即用户被别人关注的程度上，也就是说大量的用户只能得到少量的关注，只有少数用户能够获得大量的关注——这便是互联网用户所面对的残酷现实，而那些真正能够进入大众视野的信息却另有幕后推手。

为什么我们轻易地接受了这个事实，却对这所谓的网络自由不抱一丝怀疑？因为我们相信，把我们和这个网络以及电脑连接起来的通路是随机和偶然的。最终我们都是追随着一个个的链接在网上浏览，被各种评论和信息所吸引。事实上，这一切都是幻想。数字世界的网络化不是随机和偶然的，它是被操控的。③ 谷歌、百度这

①　伯纳多 A. 胡伯曼. 万维网的定律——透视网络信息生态中的模式与机制 [M]. 李晓明，译. 北京：北京大学出版社，2009：26 - 27.

②　伯纳多 A. 胡伯曼. 万维网的定律——透视网络信息生态中的模式与机制 [M]. 李晓明，译. 北京：北京大学出版社，2009：26.

③　弗兰克·施尔玛赫. 网络至死 [M]. 邱袁炜，译. 北京：龙门书局，2011：96.

类搜索引擎正是幕后的操纵者。谷歌的算法始于 PageRank，它是基于外部链接和内部链接的数量和质量来衡量网站的重要性，也就是说每个接入页面的链接都是对该页面的一次投票，被链接得越多也就意味着它越受欢迎，在搜索结果的排序中也就越靠前，这种算法直接导致了"马太效应"的结果。"马太效应"来源于《圣经·马太福音》："凡有的，还要加给他叫他多余；没有的，连他所有的也要夺过来。"伯纳多 A. 胡伯曼在分析用户访问搜索引擎时指出："冲浪定律的表述是，在一次会话过程中，用户访问一定数目网页的概率随着网页数目的增加而显著减小，因而在一次冲浪的过程中得到关注的信息量是有限的。"① 也就是说用户在使用搜索引擎时很少会访问搜索引擎列出的第一页之外的网页，这就使得访问量大的网站更加流行，而访问量小的更不为人所知。哲学家亚历山大·加罗韦（Alexander Galloway）认为 Google 的 PageRank 是一项高度政治化的技术，它把知名度和权力联系在了一起。② 现实确凿无疑地告诉我们，通过诸如重复超链接或者交叉链接等手段可以操纵搜索引擎，谷歌已经不再仅仅是一种搜索引擎，它更像是一种权力机器，而它背后是那些财力雄厚、资金充足的大公司。2014 年奥斯卡颁奖典礼上主持人艾伦·德杰尼勒斯（ElLen Degeneres）与一众明星拍摄了一张自拍照上传 Twitter，这张照片在 35 分钟内就被转发了 81 万次，

① 伯纳多 A. 胡伯曼. 万维网的定律——透视网络信息生态中的模式与机制 [M]. 李晓明，译. 北京：北京大学出版社，2009：108.
② 弗兰克·施尔玛赫. 网络至死 [M]. 邱袁炜，译. 北京：龙门书局，2011：95.

大约被全球 3700 万用户看过。而所有这一切却是三星公司事先策划好的商业行为，商业广告被隐藏在人们所认定的原始信息或新闻报道中发布出去，人们却对此茫然不知。同样，2013 年一组"深圳 90后女孩给残疾乞丐喂饭"的图片报道也被各大新闻网站转载，但最终却发现整个事件是为当地某商业展进行炒作。由此可见，互联网上良莠不齐的信息其实对于受众的判断力有着更高的要求，他必须能够从纷繁的信息中辨别真伪，去伪存真。不仅如此，这些搜索引擎还利用 Cookies 技术来获取用户的个人信息，它是一种从客户端硬盘读取信息数据的技术，当你浏览某网站时，由 Web 服务器置于你硬盘上的一个非常小的文本文件，它可以记录你的用户 ID、密码、浏览过的网页、停留的时间等信息。当你再次来到该网站时，网站通过读取 Cookies，便可以知道你的相关信息并做出相应的动作。这种技术声称能够为用户提供更为准确的信息服务，更加贴心，但是它却悄然记录下用户所有的关于职业身份、兴趣爱好、消费能力、知识水平等一系列的信息，甚至包括用户最隐私的关于道德、宗教信仰等个人信息。网站掌握的信息越多，它所具有的权力也就越大，获得的利益也就越大。当所有这些个人信息被网站所掌握时，作为渺小的个体也就只能任人宰割了，这正是"数字达尔文主义"的体现——"信息就是力量"。如今不论亚马逊之类的电子商务网站还是谷歌、百度这类搜索引擎，抑或是各大门户网站，它们无一不在使用着 Cookies 技术。而人们在有意无意间所挑选的信息其实反映了他们自身的世界观，Cookies 技术正好迎合了人们的口味，它所提供的大量相关信息使得人们更加沉醉于自己狭小的领域，却忽视了更多有可能拓展我们视野的机会。麦克卢汉曾经指出："专门化的技术产生非部类化的影响（Specialist technologics detribalize），非专门化的技术又产生重新部落化的后果。"① 如今，互联网世界使得人们又逐渐趋向于部落化，人们按照自己的观点和喜好在网络世界组成一个个有着相同观点和喜好的微小部落。"我们丧失了开展对话和争论的共同事实基础，我们坚持自己的偏见，共同的社会正在分裂为各持己见的 3 亿个狭小领域。"②

在一个现代社会中，再也没有比培养具有独立思考能力和是非判断能力的公民更重要的事情了。然而，我们的教育也面临着严峻的挑战。"数字泰勒主义"使得人们有限的注意力难以集中，而这对于尚处于学习阶段的青年一代造成了严重的负面影响。泰勒的理论是要让每个人都用正确的方法作业，他将人们劳动分解成最小的、单调的单位，使得每个劳动者在劳动过程中追求最大化的效率，这也是现代工业高效率运行的理论基础。"数字泰勒主义"最先由美国记者玛姬·杰克逊（Maggie Jackson）提出，它用于解决我们如何处理被割裂成碎片的生命、时间和思想。③ 数字时代最典型的表现就是多任务处理，这是计算机技术中的一个术语，用于描述让计算机同时完成多个任务。如今在路上随处可见一边听着音乐一边走路的

① 马歇尔·麦克卢汉. 理解媒介——论人的延伸 [M]. 何道宽，译. 北京：商务印书馆，2000：53.
② 弗兰克·施尔玛赫. 网络至死 [M]. 邱袁炜，译. 北京：龙门书局，2011：80.
③ 弗兰克·施尔玛赫. 网络至死 [M]. 邱袁炜，译. 北京：龙门书局，2011：35.

行人，而课堂上也能够看到一边拨弄手机一边听讲的学生。每个人的脑力都是有限的，特别在他要完成一项复杂的任务时就必须集中全部注意力以解决各种棘手的问题。多任务处理使得有限的脑力被分散到各个任务当中，它必然导致人们对单个任务的思考能力的下降。毕竟人们的大脑不像计算机的中央处理器那样可以通过不断升级来提升性能。多任务处理使得人们的脑力疲于应付各个任务，从而降低思维能力和接受能力，这极大降低了学生的学习效率。"数字马克思主义"体现为大量的免费信息，这使得人们更倾向于表面的占有信息和知识，而不是真正将其吸收消化为自己的知识。诸如谷歌、维基百科等网站提供了大量的、极易获取的知识和信息，因此当下的学生认为没有必要去识记相关的基础知识，他们认为这些知识可以随时查阅。知识和信息就像砖块，通过它们一块块、一层层的堆砌最终构成了人的认知和思维能力。没有这些砖块作为基础，人类的思考能力和理解能力也就无从谈及，更谈不上融会贯通、举一反三了。数字泰勒主义和数字马克思主义使得互联网本身处于一种尴尬的境地，它一方面提供了大量信息在不断分散着人们的注意力；一方面又要求信息具有足够的吸引力以获得别人的关注。置身于信息世界的人们越来越迷茫，他们像海绵一样不断吸取着各种各样的信息，疲惫而又难以停止。这些信息之中又有多少有真正的价值呢！

互联网时代的摄影教育面临着两大问题：第一个问题是全民影像阅读能力的培养。如今人们随时可以浏览大量的影像作品，但物以稀为贵，提供得越多反而接受得越少。面对如此丰富的影像，很难有人能够静下心来仔细阅读和分析作品的内容与形式，体会作者的意图与作品的情境。快餐式的浏览成为人们观看影像的主要方式，影像的有效信息越来越难以被观众所接受，这又引发了人们去追求更多影像的欲望。尤其对于摄影专业的学生，影像的细读与分析更是提高专业能力的一个行之有效的学习途径，如何避免在影像的海洋中迷失是一个迫切的问题。解决这一问题的途径可能更多来自受众自身，自觉地抵制影像的诱惑，加强影像的细读与研究。另一方面，媒体与高等院校之间的合作或许能有些许帮助。作为学术机构的高等院校对于影像有着深入的研究，而作为影像生产者和传播者的媒体有着广泛的受众面，将高等院校的研究成果和教学方法与媒体的影像生产和传播相结合，不断提升影像的内涵和品质，并引导受众阅读影像，通过长期的浸润或许能够在一定程度上提升受众的影像阅读能力。此外，高等院校培养的优秀摄影专业人才也是一个重要的途径，只有摄影专业人员的素质提高了，出现在大众媒介上的影像素质才会提升，自然而然受众的品位也会随之提高。因此，高等院校特别是摄影专业对于我国全民阅读能力的提升有着积极的作用。第二个问题是学院教育与网络教育之间的碰撞。学院教育更多是指通过课堂师生面对面的方式授课；网络教育涵盖的范围较广，既包括各种专业院校设立的网络教育资源，也包括媒体为大众建立的网络教育资源以及民间力量建立的网络教育资源。学院教育的优势在于系统性强，专业基础扎实，师生面对面的教学方式更容易做到因材施教，让学生获得更深入的理解与思考，特别是能够有效提升学生发现问题、分析问题和解决问题的能力，师生的对话也会碰撞出新的智慧火花。各专业院校建立的网络教育资源实际是学院教育的延伸，它更多是将专业课程的大纲、讲义和教师的授课视频放在网络上，并通过论坛来进行师生的沟通。这种方式的优势在于学生学习的自主性较强，不拘泥于时间和地点。但是从整体教学效果上看，与课堂教学还有一定的差距，只能作为课堂教学的补充。媒体以及民间力量所针对的大多是摄影爱好者，他们所建立的网络教育资源的特点是信息更新速度快、注重实用性，知识、信息和操作层面的内容相对较多，缺乏系统性和理论性，在思维能力上的训练明显偏弱，呈现出碎片化的特征。需要特别指出的是，由于缺少专业人士的编辑和修订，加上来源不明，这些资源难免会出现一些谬误。总地看来，它们对于推动我国摄影事业的发展仍然有着积极的作用，也应该成为高等摄影教育的有益补充。当然，在面对这些资源时专业院校应当教导学生如何甄别选择，从中吸收那些真正有益的部分。

"我们应该以正确的方式使用技术：一方面我们要鼓励革新、开放和进步；另一方面要尊崇真理、权威和创造的专业标准。这才是我们的道德责任。"[1]

---

① 安德鲁·基恩. 网民的狂欢——关于互联网弊端的反思［M］. 丁德良，译. 海南：南海出版公司，2010：200.

结　语

从 1995 年发展至今，数字摄影技术发生了翻天覆地的变化，也极大地改变了人们的生活方式。这其中既为我们提供了更多探索自己与外界的手段、方法和可能性，也带来了一系列显而易见的和不易察觉的负面影响。

如今年纪在 18 岁左右的这一代人，已经无从知晓没有电脑的世界是什么样子的。他们能否理解我们被信息洪流裹挟的无力感？他们能否体会我们的感受？他们是不是有一种与我们截然不同的自我认知？他们大脑的运转方式是否和他们父辈的方式已经完全不一样？① 互联网为我们提供了一个美轮美奂的世界，但它仅仅是技术的延伸。掌握了技术并不等于就一定能创造出杰出的作品，技术只是为我们提供了自我表达和创作的工具，剩下的更多依赖于我们的思考。

---

① 弗兰克·施尔玛赫. 网络至死［M］. 邱袁炜，译. 北京：龙门书局，2011：14 – 15.

附　录

附录一："由简入繁"：数字摄影的技术演进之路

在人类探索影像记录的历程中，"如何快速记录并呈现影像"（即拍即现）和"让记录下来的影像尽可能逼近于实际景物"（清晰逼真）一直是人们不断追求的两个目标。传统银盐感光时代，"即拍即现"似乎非常遥远，拍摄完成的胶片必须经过显影和定影才能呈现出影像，而在这之前一切都是未知。直到摄影术诞生将近 110 年后的 1947 年，埃德温·赫伯特·兰德（Edwin Herbert Land）在纽约举行的美国光学学会会议上宣布了"即时成像技术"，次年兰德所创立的宝丽来公司将世界上第一款黑白即时成像相机 Polaroid 95 推向市场。1963 年，宝丽来公司又推出了彩色即时成像胶片，此后宝丽来相机和胶片一直活跃于整个 20 世纪后半期。而采用大尺寸的胶片和高分辨率的光学镜头则是胶片时代达到"清晰逼真"的主要手段,例如宝丽来公司就曾经生产出了 20×24 英寸的拍立得相机和胶片。

不同于以物质实体为基础的银盐感光材料,数字摄影技术是基于看不见、摸不着的电子技术,它由电视录制技术演化而来,可以追溯到 20 世纪四五十年代,几乎与宝丽来的"即时成像技术"处于同一时期。1951 年宾克罗司比实验室(Bing Crosby Laboratories)发明了可以将电视转播中的电流脉冲记录到磁带上的录像机(VTR:Video Tape Recorder),这为数字影像的记录提供了物质基础,剩下的事情就是如何将采集到的模拟信号转换为数字信号。1975 年美国纽约罗彻斯特的柯达实验室中,一个孩子与小狗的黑白图像被 CCD 图像传感器所获取并记录在盒式音频磁带上,记录它的是世界上第一台独立手持式数字相机。虽然这张数字照片仅仅为 0.01 百万像素(100 像素×100 像素),但是它可以立刻通过电视机屏幕显示照片。而它的发明者斯蒂芬·赛尚(Steven Sasson)则被誉为"数字相机之父"。从第一台手持式数字相机的运行方式我们可以发现:首先"即拍即现"是数字摄影的一个典型性的特征,它轻松解决了银盐感光材料花费 100 多年才解决的问题。当然,这需要一个重要的物质条件——电子屏幕,除非你愿意等待足够长的时间去找到一台打印机来输出照片。其次,"像素"是数字影像呈现的主要形式。虽然计算机图形学的发展使得目前广泛使用的操作系统、软件以及网页的界面更多采用图形元素,但对于实际景物的记录和还原,"像素"仍然是唯一的手段,不仅如此,显示技术也同样依赖于"像素"。所谓

"像素"就是指构成图像的元素，每个元素不仅具有位置信息，还包含有颜色信息。如果在 Photoshop 中放大一张数字照片，就可以看到这些构成照片的纯色方块点。赛尚的数字相机仅仅能够拍摄 100 像素×100 像素的照片，与胶片相比它落后得太多，远远达不到人们对"清晰逼真"的视觉要求。在随后数字摄影设备的发展过程中，追求"像素"数量始终是一个颇具吸引力的目标。

截止到 2018 年末，数字摄影技术的发展经历了以下四个时期：

第一个时期是萌芽期，大致从 1975 年赛尚在柯达实验室研制出的第一台手持式数字相机开始到 1994 年为止，这一阶段数字相机处于刚刚起步的实验研究时期。柯达实验室从 20 世纪 70 年代末到 80 年代初研发了 1000 多项与数字相机有关的专利，奠定了目前数字相机的架构和发展基础。虽然 CCD 和 CMOS 这两种类型的图像传感器都在这个阶段出现，但它们都处于最早的开发阶段，成像质量相对较差、总像素数量很低，大多处于百万像素以下级别，仅仅能够满足电视屏幕显示的要求；存储介质也处于探索阶段，诸如音频磁带、3.5 寸软盘、以及各种内置和外置存储单元都出现在这一阶段的数字相机上。其中，1981 年索尼公司推出的马维卡相机 MAVICA（Magnetic Video Camera）借助 10mm×12mm 的 CCD 图像传感器首次将光信号转换为电子信号传输并将图像数据保存在 3.5 寸软盘，并且它提供了三只专用镜头。这是第一款可以更换镜头的数字相机，也是当今无反相机的鼻祖。1990 年柯达公司推出了能够拍摄 140 万像素照片的 DCS 100 数字相机，首次在世界范围内确立了数字单反相机的一般工作模式。它采用尼康 F3 机身和 20.5mm×16.4mm 尺寸的

CCD 图像传感器，内置 200MB 存储器并兼容大多数尼康镜头，使用时需要连接一个笨重的外置存储单元（DSU），可以拍摄 150 张 RAW 格式照片。从总体上看，不论数字相机拍摄的画质还是操控性能上都远远无法满足实际的需要，但它们为后续数字相机的快速发展奠定了坚实的基础。

第二个时期是拓展期，大致从 1995 年开始到 2002 年为止。1995 年柯达公司正式推出民用消费型数字相机 DC40，这款机型能够兼容当时的 Windows 3.1 和 DOS 系统，它标志着民用数字相机市场成型的开始。同年，卡西欧发布了第一款带有 LCD 液晶屏幕的 QV-10 低价数字相机（图 35），虽然它仅仅只有 25 万像素，但液晶屏的引入使得大众对于数字相机的消费热情得到了激发。随后的几年里，数字相机的总像素数每年不断增长，且增长速度越来越快。表 1 列出了 1995 年至 2002 年民用消费型数字相机和专业型数字相机的主流像素数。

图 35　卡西欧 QV-10 数字相机

表1　拓展期历年消费型数字相机和专业型数字相机主流像素数

年份 类型	1995 年	1996 年	1997 年	1998 年	1999 年	2000 年	2001 年	2002 年
消费型	30 万	40 万	50 万	100 万	200 万	300 万	400 万	500 万
专业型	100 万	100 万	100 万	200 万	300 万	400 万	500 万	600 万

（本表不包含中画幅数字相机数据。）

从表中可以看出，数字相机的总像素数量在短短的八年内已经从百万像素以内发展到 500 万像素以上。一些 IT 企业和传统照相机企业的合作加速了传统摄影器材与计算机信息处理技术的融合，这也使得数字相机的功能越来越完善，诸如光学变焦、外置闪光灯、各种曝光控制功能以及数字相机的对焦性能都有了长足的进步。作为数字影像存储的重要介质——闪存的技术也取得了重大突破，存储容量不断提高，价格却在不断下降。数字相机的设计思路也在向小型化和轻量化发展，同时外观造型和部件配置上也不断向传统的 135 相机靠近。由于这一时期数字相机基本都采用 CCD 作为图像传感器，其在色彩还原和感光度上已经接近传统的感光材料。以 1999 年尼康公司推出的首台完全自主研发的数字单反相机 D1 为例，它采用了 274 万像素的 CCD 图像传感器，感光度支持范围为 ISO 200 - 1600，基本与当时常用胶片的感光度范围相当。2002 年是一个关键性的年份，这一年不论是民用消费型数字相机还是专业单反型数字相机，其总像素数都达到和超过了 500 万像素。从影像质量的角度看，它已经追上了传统 135 胶片的水平。而柯达公司在 2002 年 9 月针对商业摄影师发布了采用 CMOS 图像传感器的全画幅数字单反相机 Professional DCS Pro14n（图 36），它的有效像素达到了 1371 万，在画质上超越了 135 胶片。数字相机在实用领域已经完全可以满足绝大多数工作的需要，它"即拍即现"的特征使得传统胶片从此开始走向没落。需要特别注意的是 2002 年第三代移动通信技术（3G）面世，这预示着影像在互联网上的传播高潮即将到来。

图 36　柯达 Professional DCS Pro14n 数字单反相机

第三个时期是成熟期，从 2003 年至 2014 年。这一时期数字相机在总像素数量上持续攀升，表 2 为 2003 年至 2014 年民用消费型数字相机和专业型数字相机主流像素数数据。从表中可以看出，目前民用消费型数字相机的总像素数已经达到 2000 万，而专业型数字相机的总像素数已经达到 4000 万。单纯从像素数量的角度看，再继续增加的意义已经不大，更为重要的是如何提升影像的品质。首先各相机厂商广泛使用 CMOS 取代 CCD 作为图像传感器，它便于提高像素密度以便在有限的传感器面积下获得更多的感光单元，也就是提高总像素数量。使用 CMOS 图像传感器的另一个优势在于可以提升数字相机的低照度拍摄性能。数字相机上主流的最高感光度在 2003 年为 ISO 1600，到 2008 年底已经达到了 ISO 6400。2009 年尼康公司发布 D3s 数字单反相机的标准最高感光度达到了 ISO 12800，经过扩展可以达到 ISO 102400。两年之后的 2011 年佳能公司又在其产品 EOS 1DX 上将标准最高感光度提升到了 ISO 51200，扩展感光度更大的 ISO 204800。2014 年 2 月和 4 月，尼康公司和索尼公司又分别在自己的产品尼康 D4s 数字单反相机和 A7S 数字无反相机上把感光度提升到了 ISO 409600。随着数字相机感光度的不断提升，摄影师在暗光摄影、体育摄影和野生动物摄影领域获得了极大的创作空间（图 37）。为了提升图像的细节呈现，2012 年之后取消图像传感器前的低通滤波器又成为一个新的发展趋势。尼康公司在这一年推出了取消低通滤波器的 D 800 E 数字单反相机，虽然这增加了莫尔条纹出现的概率，但对于细节的刻画在产品和风景摄影中有着突出的优势。为了在取消低通滤波器的情况下减少摩尔条纹产生的概率，富士公

图 37　佳能 EOS 1DX 数字单反相机 ISO 12800 拍摄样张
图片素材来自佳能官网

司于 2012 年推出了采用 X – Trans CMOS 传感器的 X – Pro 1 无反相机，它摒弃了传统的拜耳矩阵结构，对图像传感器采用了新的排列设计（图 38）。此外，数字相机在动态范围以及色彩还原等方面也有着显著的进步。

图 38 富士 X – Pro 1 采用 X – Trans CMOS 图像传感器
图片素材来自富士官网

表 2 成熟期历年消费型数字相机和专业型数字相机主流像素数

年份 类型	2003	2004	2005	2006	2007	2008	2009	2010	2011	2012	2013	2014
消费型	600万	800万	800万	1000万	1000万	1400万	1600万	1800万	1800万	2000万	2200万	2400万
专业型	1000万	1600万	1600万	2000万	2000万	2400万	2400万	4000万	4000万	4000万	4000万	4000万

（本表不包含中画幅数字相机数据。）

第四个时期是分化期，从 2014 年至今。这一时期数字相机的技术已经非常完善，像素数虽然还在继续提升，但已经没有之前的更

152

新速度了。虽然2015年佳能公司推出了5300万像素的5Ds数字单反相机，但截至2018年底，大多数厂商的最高像素机型都控制在4600万以内。高像素数与视频拍摄能力是一对相互矛盾的性能，随着用户需求的变化相机厂商也随之调整自己的产品线。以索尼为例，它将自己的全画幅无反相机规划为三个类型：一系列是用于视频拍摄的A7s系列，其图像传感器的总像素数较低，只有1200万像素，但视频性能非常突出；另一个系列是用于商业和风景类题材拍摄的高像素数A7R系列；第三个系列是综合性能较高的A7系列，其总像素数保持在2400万左右，既可以用于图片拍摄，也可以用于视频拍摄。这种产品线的分化方式也逐渐被尼康、佳能等厂商所接受。在这一时期，手机摄影的蓬勃发展抢夺了大量数字相机的市场份额，这迫使数字相机厂商加快了相机小型化的投入与研发。2018年尼康和佳能两家老牌相机厂商都正式发布了全画幅无反数字相机，这也预示着数字无反相机取代数字单反相机成为未来相机行业发展的主流。

数字技术的发展还进一步推动了媒介的融合：2008年尼康公司率先推出了能够记录帧尺寸为1280×720像素高清视频的D90数字单反相机，随后佳能公司发布的能够拍摄帧尺寸为1920×1080像素的全画幅数字单反相机EOS 5D Mark Ⅱ遮蔽了尼康D90的光芒。其实早在2005年消费型数字相机就已经具备了拍摄视频的功能，但局限于图像传感器尺寸和固定镜头，其视频功能仅仅停留于家庭留影。作为专业设备的数字单反相机拥有庞大的镜头群，同时其图像传感器的成像面积与35mm电影胶片相当（APS－C画幅）甚至更大

（135 系列全画幅），因此在视频拍摄上有着显著的优势。2014 年松下公司发布了能够记录 4K（4096×2160 像素）视频的 GH4 无反相机，数字相机的视频功能随之进入 4K 时代。而随着网络技术的发展，特别是 2008 年 Wi－Fi 技术的成熟，随时分享照片成为人们新的迫切需求，数字相机也开始内置 Wi－Fi 模块，它成为连接移动终端与数字相机之间的桥梁。发展至今数字相机已经非常成熟和完善，但是人类的创造力是无限的……2011 年发布的光场（Lytro）相机是一种先拍摄后对焦的数字相机，它的出现改变了人们传统的摄影方式，更进一步打破了设备操作对于人们创造力的桎梏。虽然它的使用还受制于偏低的像素数，但这种发展趋势有着美好的前景，2014年初具备 400 万像素的第二代光场相机 Illum 的发布便是最好的证明。

除了数字相机外，手机的摄影性能也在不断提升。以 2011 年苹果公司发布的 iPhone 4S 手机为代表，将手机摄像头的拍摄性能领入了一个新的时代，800 万像素的静态照片拍摄能力，支持帧尺寸1920×1080 像素的高清视频录制，这意味着手机拍摄的画面可以作为 16 开杂志封面印刷呈现，同时满足通行的高清视频拍摄指标。随后，对像素数的追逐又一次在手机领域内展开：2012 年诺基亚发布了 808 PureView 手机，它配备了高达 4100 万像素的摄像头，支持全分辨率、800 万、500 万和 300 万像素的照片。它的设计目标更多是采用超采样处理——将拍摄的 4100 万像素照片优化为低分辨率照片存储——以获得最佳的画质，从实际的拍摄效果看它已经超越了消费级卡片数字相机的水平（图 39）。2013 年，宏碁发布了配备 1300

图39　诺基亚 808PureView 手机和拍摄样张，图片素材来自诺基亚官网

万像素摄像头的手机 Liquid S2，这是世界上第一款能够拍摄 4K 视频的手机。……导致这种状况的主导原因有两个：一是网络接入速度的不断提升，从 1995 年发展至今，我国互联网络不仅在空间分布范围上有了极大的扩展，在接入速度上也得到了显著提升，特别是 2008 年第三代移动通信技术（3G）和 Wi－Fi 技术的成熟和应用使得互联网通过移动终端与人们的日常生活密不可分，人们已经习惯用随手拍摄的照片代替文字上传网络来直观、简洁地表达自己的观点。2012 年颁布的第四代移动通信技术（4G）标准已经在 2015 年获得了广泛推广应用，网速的不断提升使得数字视频影像的上传下载更为便捷。另一个原因则是屏幕分辨率的提升，即屏幕总像素数的提升。2010 年之前人们对于屏幕的追求更多局限于更大尺寸的显示面积，屏幕的分辨率仅仅停留在 72ppi。它所显示的照片与实物印刷品有着天壤之别，人们对于屏幕显示影像的要求仍旧停留在看到的水平。随着 2010 年苹果公司 Retina（视网膜）屏幕的出现，人们才第一次感知到显示屏幕上呈现的影像可以在细节和色彩表现上远远超越印刷品。虽然第一款配备 Retina 屏幕的设备仅仅 3.5 英寸大，但是它的分辨率达到了 326ppi。随后苹果公司在 2012 年又将该屏幕用于 9.7 英寸的 iPad 和 15.4 英寸的 Macbook Pro，它们的屏幕分辨率分别达到了 264ppi 的 2048×1536 像素和 220ppi 的 2280×1800 像素，这意味着在这些屏幕上全幅显示的照片至少需要 400 万像素才能获得最佳的视觉效果。它已经远远将印刷品抛在了身后，甚至超越了精工制作的照片。而电子屏幕上缩放影像的功能又引发了人们对细节的无限欲望，人们需要更多的像素来满足自己的眼睛，这也是"像素决定论"为何直到现在仍然为大多数人所认同的一个重要原因。

纵观数字摄影设备的发展，它所经历的是一个追逐"像素数量"的"由简入繁"的过程，在数字摄录设备走进人们生活的短短 20 年里，它已经由马赛克走向了超细节。而基于屏幕显示的数字影像彻底改变了人们的阅读习惯，它们的影响广泛而深远。

附录二：新闻纪实类数字照片技术规范

一、使用图像软件处理照片，不允许对原始图像做影响照片真实属性的调整和润饰。

二、不允许对画面构成元素进行添加、移动、去除（去除图像传感器及镜头污点除外）。

三、允许剪裁画面和调整水平线，但不允许因此导致图像对客观事实的曲解。

四、允许对整体影调及局部影调进行适度调整，但不允许破坏原始影像的基调与氛围。

五、允许对整个画面的色相、明度、饱和度及色彩平衡进行适度调整，但不允许破坏原始影像的基本色调。

六、不允许使用照相机内置的效果滤镜程序功能。

七、原则上不允许多次曝光拍摄，特殊情况下使用多次曝光的，应注明"多次曝光照片"。

八、允许将彩色照片整体转化成黑白或单色，不允许做局部黑白或单色调整。

九、不允许对照片画面进行拉伸、压缩、翻转。

十、胶片照片转化为数字照片，需保留原底片以作为该影像真实性的最终证据。

十一、视频截图作品视为摄影作品，需保留原始视频以作为该影像真实性的最终证据。

十二、必须保留数字影像的原始文件，以作为该影像真实性的最终证据。

中国摄影家协会和中国新闻摄影学会于 2013 年 5 月联合制定。

参考文献

[1] 弗兰克·施尔玛赫. 网络至死 [M]. 邱袁炜, 译. 北京：龙门书局, 2011.

[2] 中国互联网信息中心. 第43次中国互联网络发展现状统计报告 [R/OL]. 中国互联网络信息中心, 2019-02.

[3] 中国社会科学院语言研究所词典编辑室. 现代汉语词典 [S]. 北京：商务印书馆, 2002第三版增补本.

[4] 辞海编辑委员会. 辞海 [S]. 上海：上海辞书出版社、上海世纪出版股份有限公司, 2009.

[5] 牛津大学出版社. 牛津高阶英汉双解词典 [S/CP]. 北京：商务印书馆, 2014.

[6] 何道宽. 媒介革命与学习革命——麦克卢汉媒介理论批评 [J]. 深圳大学学报, 2000, 17 (5).

[7] 周有光. 世界文字发展史 [M]. 上海：上海教育出版社, 1997.

［8］索绪尔. 1910—1911 索绪尔第三度讲授普通语言学教程［M］. 张绍杰，译. 湖南：湖南教育出版社，2001.

［9］陈嘉映. 语言哲学［M］. 北京：北京大学出版社，2005.

［10］孔苗苗. 言语中国：90 年代中后期以来中国电影言语因素研究［D］. 北京电影学院，2010.

［11］麦克·哈特（Michael Hart）. 影响人类历史进程的 100 名人排行榜［M］. 赵梅，韦伟，姬虹，译. 海南：海南出版社，1999.

［12］曾恩波. 世界摄影史［M］. 北京：艺术图书公司（中国摄影出版社内部发行），1982.

［13］孙宝传. 无线电的发明与广播电台的出世［J］. 中国传媒科技，2012，（1）.

［14］王旭. 互联网发展史［J］. 个人电脑，2007，（3）.

［15］伯纳多 A. 胡伯曼. 万维网的定律——透视网络信息生态中的模式与机制［M］. 李晓明，译. 北京：北京大学出版社，2009.

［16］王虹，原欣. 从美国电视发展史看电视新闻思维变革［J］. 新闻传播，2003，（06）.

［17］马歇尔·麦克卢汉. 理解媒介——论人的延伸［M］. 何道宽，译. 北京：商务印书馆，2000.

［18］莱斯利·施特勒贝尔，霍利斯·托德，理查德·D. 扎基亚. 摄影师的视觉感受［M］. 陈建中，纪伟国，译. 北京：中国摄影出版社，1998.

[19] 尼·尼葛洛庞帝. 数字化生存 [M]. 胡泳，范海燕，译. 海南：海南出版社，1997.

[20] 吴嘉宝. 影像的文本与其脉络性信息 [C]. 观看的对话，2002 年中华摄影教育学会国际专题学术研讨会论文集（台湾），2002.

[21] 宿志刚. 镜间对话——与当代摄影师、艺术理论家的对话 [M]. 吉林：吉林摄影出版社，2003.

[22] 梅琼林. 囚禁与解放：视觉文化中的身体叙事 [M] // 彭亚非. 读图时代. 北京：中国社会科学出版社，2011.

[23] 安德鲁·基恩. 网民的狂欢——关于互联网弊端的反思 [M]. 丁德良，译. 海南：南海出版公司，2010.

[24] 吴汉东. 著作权合理使用制度研究 [M]. 北京：中国政法大学出版社，1996.

[25] 费尔南多·萨帕塔·洛佩兹. 数字环境下的复制权，发布合同和保护措施 [S]. 联合国教科文组织版权公告，2002，XXXVI（3）.

[26] 刘军. 管论中国影视产业的发展战略及实现措施 [C] // 影视产业与中国文化发展战略——第十二届中国金鸡百花电影节学术讨论会论文集. 北京：中国电影出版社，2004.

[27] 中国社会科学院世界经济与政治研究所美国经济研究中心. 中国电影盗版对经济的影响研究 [R]. 北京：中国社会科学院，2006.

[28] 黄秋儒. 全景摄影技术初探——从全景绘画到全息三维立体影像 [J]. 苏州教育学院学报，2011，（10）.

［29］王一如. 写实主义的革命——超级写实主义［J］. 新西部, 2012（02 - 03）.

［30］保罗·莱文森. 数字麦克卢汉——信息化新纪元指南［M］. 何道宽, 译. 北京: 社会科学文献出版社, 2001.

［31］爱德华·麦柯迪. 利奥纳多·达·芬奇笔记［M］. 1906.

［32］安德烈·巴赞. 摄影影像的本体论［M］//电影是什么. 南京: 江苏教育出版社, 2005

［33］亚里斯多德. 物理学［M］. 张竹明, 译. 北京: 商务印书馆, 1982.

［34］lomography 社区. Lomography 十个黄金定律［EB/OL］. lomography 社区, 2014.

［35］中国摄影在线. 摄影记者可以用 Hipstamatic 工作吗?［EB/OL］. 中国摄影在线, 2013 - 2 - 16.

［36］波南诺. Polaroid 拍立得——不死的摄影分享精神［M］. 李宗义, 许雅淑, 译. 台湾: 木马文化事业股份有限公司, 2013.

［37］维基百科. 自媒体［EB/OL］. 维基百科, 2018 - 10 - 01.

［38］罗兰·巴特. 明室: 摄影纵横谈［M］. 赵克非, 译. 北京: 文化艺术出版社, 2003.

［39］独角兽. 她在山坡上哭了［EB/OL］. 磨坊, 2010 - 07 - 01.

［40］苏珊·桑塔格. 论摄影［M］. 艾红华, 毛建雄, 译. 湖南: 湖南文艺出版社, 1998.

［41］马克·德里. 火焰战争［M］//网络幽灵. 天津: 天津社会科学出版社, 2002.